城市森林保健功能

叶 兵 杨 军 主编

中国林业出版社

图书在版编目（CIP）数据

城市森林保健功能/叶兵，杨军主编. —北京：中国林业出版社 2020.10

ISBN 978-7-5219-0843-5

Ⅰ.①城… Ⅱ.①叶…②杨… Ⅲ.①城市林–保健–服务功能–监测–中国 Ⅳ.①S731.2 ②S718.56

中国版本图书馆 CIP 数据核字（2020）第 193476 号

中国林业出版社

责任编辑：李　顺　薛瑞琦

出　　版：中国林业出版社（100009 北京西城区德内大街刘海胡同 7 号）

网　　站：http：//www. forestry. gov. cn/lycb. html

印　　刷：河北京平诚乾印刷有限公司

发　　行：中国林业出版社

电　　话：（010）83143500

版　　次：2020 年 10 月第 1 版

印　　次：2020 年 10 月第 1 次

开　　本：787mm×1092mm　1/16

印　　张：8

字　　数：150 千字

定　　价：50.00 元

前　言

　　城市森林的概念进入中国已经有30多年，在这段时间内中国的城市森林建设经历了一个飞速发展的过程。讫止到2019年，全国的城市建成区平均绿化覆盖率已经达到了41.11%，而且有194个城市被评为了"国家森林城市"，可以说城市森林建设的成就斐然，对中国生态文明的建设贡献巨大。

　　当前城市森林的建设迈入了新的阶段，面临着时代发展所带来的机遇和挑战。中国的城市化进程正在全面深化，城市化的重点从单纯的土地城市化转向人口城市化。这意味着在今后很长一段时间内，城市将成为吸引和聚集人口的中心。大量农村人口向城市转移必然将对城市环境造成压力，对城市的宜居性提出挑战。此外，随着社会经济的发展，城镇居民对生活质量的要求日益提高，且更加关注自身健康，如何满足城镇居民对健康生活的追求成为城市管理者必须正视的问题。而城市森林建设本身也面临着重大转折，在北京和上海等诸多大中城市中已完成了荒山荒地上的绿化造林，大面积的造林已经没有条件。城市森林建设的指导思想在从单纯地追求面积增加转向提高城市森林质量，从强调普遍绿化转向重视城市森林的美化和多功能优化。

　　这些机遇和挑战促使我们认真思考两个问题：城市森林是为谁而建？应该如何建设？目前的主流观点认为城市森林建设的主要目的与一般的生态公益林建设目的没有区别，都是为了美化和改善环境，获得生态效益，所以城市森林基本上可以被视为城市中的生态公益林。基于如上的观点，林业和园林管理部门在城市森林建设中主要使用了生态公益林建设的方法和技术，在评价城市森林的效益时也基本沿用常规的生态功能指标和调查方法。这种对城市森林的理解符合中国城市化发展的特定历史阶段的特点和需求，但随着社会经济的发展，已经不能满足当今形势下对城市森林提出的新的要求。追根溯源，城市森林从定义上来说是在城市直接影响范围内的森林，是城市生态系统的一个重要组成部分。而城市是以人口集聚为主要特征的居民点，是人类独创的栖息地。这种本质上的联系就决定了城市森林的建设必须是以人为本，以服务于人类的福祉为最终目的。当前的城市森林建设恰恰忽略了这一本质联系，没有很好地围绕人这一主体的需求来建设，也没有在效益的评价中突出城市森林对人的作用。因此在城市森林建设中出现了建设方式和服务主体相脱节的现象，如一些地方政府斥巨资建设城市森林而公众不买账甚至群起反对，又如一些地区城市森林面积增加迅速而公众却没有感受到对自己的生活有任何明显改善等。

　　在中国城市森林建设的转折期提出城市森林的保健功能概念具有很强的现实意义。城市森林的保健功能是能够对人体健康有直接影响的城市森林生态系统服务功能，这些功能可以对人的生理属性、心理属性和社会属性的健康都起到正面的影响。城市森林的保健功能概念的提出将城市森林建设与人类福祉的改善直接地联系在一起，为城市森林如何建设指出了一个可行的方向。从指导实践而言，这不仅和中国生态文明建设的终极目标是一致的，也符合城镇居民提高生活质量的需求，还可为城市化的深入发展提供积极环境保障。从科学研究的角度来看，城市森林保健功能的研究是当前生态系统科学发展的一个重要方向，即研究生态系统服务功能和人类福祉的相关性。城市森林保健功能本质上是生态系统服务功能，能够对城镇居民的福祉产生重大影响，对它的研究和应用必将对生态系统科学的发展做出贡献。当然我们应该看到，虽然城市森林保健功能的概念的提出和应用具有各种优点，但是目前广大的城市森林管理者和科研人员对城市森林保健功能的概念和内涵、基于保健功能的城市森林建设方式以及功能的监测和评价方法都还缺乏了解，这极大地限制了城市森林保健功能研究和实践的发展。基于以上原因，我们编写了本书，期盼能为促进对城市森林保健功能的了解和应用提供一定的参考。

本书通过介绍相关的理论和方法，并结合案例分析的方式系统地阐述了城市森林保健功能的科学基础以及功能的监测、评价和提升方法，具体包括城市森林保健功能的定义和内涵，城市森林保健功能的组成，影响城市森林保健功能的因素，城市森林保健功能的监测与评价，城市森林保健功能的调控方法，以及在杭州市实地应用的案例分析。

在本书的编写过程中我们引用了大量的相关资料，在此特对相关作者表示衷心的感谢。由于时间仓促和编者的知识水平有限，书中肯定有很多不足和遗漏之处，欢迎读者提出宝贵意见，以便进一步完善本书。

编者

2020 年 5 月

目　　录

第一章 绪 论

一、城市森林的定义

1962 年美国政府在户外休闲资源调查报告中首次使用了"城市森林"（Urban Forest）这一名词，定义为是城市森林是一个生态系统，其特征是由与人类紧密相关的树木及其他植被的现状以及它们的发展变化所决定的。而此后在研究和应用中衍生出来的对城市森林一个更为简单的定义是处于城市中或受到城市直接影响的区域内的树木和其他植物统称为城市森林。

城市森林主要以绿篱、行道树、林荫道、公园、森林公园、自然保护区、片林、林带、风景林、水源涵养林、水土保持林、古树名木及庭院树等形式存在。

城市森林是受到人为活动直接影响的生物群体，虽然在一定程度上体现地带性自然森林群落的种类组成、结构特点和演替规律，但由于受人为活动的影响，其与常规的自然森林相比存在较大的差异。城市环境的高度异质性决定了城市森林在空间分布上的不连续性和异质性；同时，城市环境的复杂性也决定了城市森林在组成、结构和演替发展上的复杂性。

城市森林是城市生态系统的重要组成部分，具有生态、社会和经济等多种功能。

二、城市森林保健功能的定义和内涵

（一）城市森林保健功能的定义

城市森林保健功能这一概念是在基于生态系统服务功能和人体健康的基础上提出来的。生态系统服务功能是指："生态系统与生态过程所形成及维持的人类赖以生存的自然环境条件与效用"（Daily，1997）。世界卫生组织在 1996 年将健康定义为："一种在生理上、社会上和精神上都良好的状态，而不仅仅是没有病痛。健康是生活的资源而不是生活的目的。它是一个强调社会和个人资源以及生理能力的概念"。

基于以上的概念，城市森林保健功能在本书中被定义为：能够对人体的健康有直接影响的城市森林生态系统服务功能，这些功能可以对人的生理属性、心理属性和社会属性的健康都起到正面的影响。

（二）城市森林保健功能的内涵

城市森林保健功能是森林生态系统服务功能的一个组成部分，它主要是城市森林在维持城市居民的健康上所提供的服务。这些服务不单纯指常见的森林生态系统功能，如涵养水源、固碳释氧等；也包括城市森林对人的生理和心理的积极影响，如舒缓情绪和视觉改善等；最后还包括对人健康有益的社会关系的影响，如增加社区认同和凝聚力等。

城市森林保健功能的主要内容包括：减少环境中各类污染物对人体健康的损害；改善小气候、提高人体舒适度；缓解身体疲劳和心理压力；促进社区和谐、降低冲突和暴力；以及对慢性生理和心理疾病的治疗功能。

影响城市森林保健功能的因素主要有城市森林自身的结构、外界环境因素、社会经济因素以及人的因素。

三、中外城市森林保健功能研究概述

城市森林保健功能研究具有多学科交叉的特点，其基础是生态系统科学，并融合了林学、公共卫生学、社会学、环境科学、环境心理学和城市规划科学的理论和方法。

（一）中国城市森林保健功能研究概述

中国的城市森林保健功能概念有着深厚的历史基础，自古以来中国在人居环境的建设中就强调人与自然的和谐统一，强调以树木为主体的自然环境的保健作用。最早在战国时期就已经出现了五行学说，其中的木克土和木主生发的观点不仅仅成为了中医理论的重要组成部分，也对城市建设和居民生活有很大影响。而道教发展起来后提倡的养生方法中更包含了以吸取山川草木的精气来滋养自身的说法。树木山林对人体的治疗作用在古籍中多有记载。春秋战国时期，古代哲人已经认识到自然的静境，特别是树木形成的幽境可以帮助人们修复身体疾患——"静然可以补病"（庄子）。同时还提出森林对人心理健康有积极的影响："山林也！皋壤也！使我欣欣然而乐也！"（庄子）。西汉时期，辞赋家枚乘在其辞赋中记载了最早的通过森林旅游来治疗疾病的案例："楚太子有病，吴客为他治病时说'游涉乎云林，周驰乎兰泽，弭节乎江浔。掩青苹，游清风。陶阳气，荡春心。'"（枚乘）。明代医学家总结了森林的保健功能对延长寿命的影响："山林逸兴，可以延年"（龚廷贤）。清代林枚进一步强调了人居环境中适度的森林覆盖对于人类健康的重要性："村乡之有树木，犹人之有衣服，稀薄则怯寒，过厚则酷热……"（林牧，1970）。

秦始皇统一六国后颁布法令，要求在主要道路旁种植行道树来为行人遮阴。从这时期开始，树木在城市的建设中始终占有主要的地位。宋朝时期，中国城市绿化建设达到了顶峰，出现了《东京梦华录》所记载的"大抵都城左近，皆是园圃，百里之内，并无闲地"的壮观景象（孟元老）。元世祖忽必烈颁布了《道路栽植榆柳槐树》诏书，要求在北京及相邻的河北、天津的部分县市大规模地种植行道树。根据《马可波罗游记》的记载："大汗曾命人在使臣及他人所经过的一切要道上种植大树，各树相距二三步，俾此种道旁皆有密接之极大树木……盖在荒道之上，沿途皆见此种大树，颇有利于行人也。"（马可·波罗）。随着时代的发展，树木的遮阴降温等改善小气候的作用获得了广泛的重视："劲风谡谡，入径者六月生寒。"（祁彪佳），"高梧三丈，翠樾千重……但有绿天，暑气不到。"（张岱），"老桧阴森，盛夏可以逃暑。"（赵昱），"乔树有嘉荫，仙境称避暑。停舆坐其下，伞张过丈许。况复透风爽，实不觉炎苦。"（乾隆）。中国这种在城市建设上注重人和自然的和谐，注重树木对居住环境的改善作用的做法一直持续到了清朝早期。

近代中国饱经战乱和侵略，城市建设逐步落后于先进国家。马尔嘎尼（1792）曾经在其游记中写到整个北京就像一个大厕所，肮脏落后。到了民国政府时期，绿地对城市居民的健康生活的作用再次被提起，政府开展了植树和建设公园的活动，如中国第一个市政公

园中山公园在 1914 年对游人开放。但总体来说，因为长年战争、经济落后和政治不稳定，历史上著名的园林大多遭到严重破坏，而新的绿化严重缺乏，导致了近代中国城市绿化的建设的整体落后。如在新中国成立初期，全国总共只有城市公园、绿地 112 处，面积约为 2961hm² （曹洪涛，1990）。首都北京全市栽有树木的道路、河道一共只有 87km 长，全市绿地有树木 6.41 万株，其中行道树 9100 株 （徐德权，1987）。新中国成立后，城市绿化的建设取得了飞跃性的发展。北京 1957 年公园绿地面积增加到 2643hm²，比 1949 年增加 2.4 倍，新植树木 467 万株。但随后由于自然因素和历次的政治运动，城市绿化出现了反复和倒退的情况。1975 年北京市绿化情况的普查显示，全市共有公园绿地和防护绿地 2780 多公顷，与 1966 年之前相比基本停滞不前 （范瑾，1989）。

改革开放之后，社会经济迅速发展，人民生活水平逐步提高，人们对居住环境日益关注，同时党和政府高度重视城市绿化建设，并采取相应的措施大力发展城市绿化，推进城乡一体化的协调发展。这个时期的城市绿化建设飞速发展，已有的理论和技术逐渐跟不上城市绿化建设的需要。20 世纪 80 年代末期，城市森林和城市林业的概念开始进入到国内。1992 年中国林学会与天津林学会共同召开了第一次全国城市林业学术研讨会。2002 年国家林业局制定中国可持续发展林业战略时将城市林业首次列为林业战略的重要内容，提出了 "在 2050 年要使全国 70% 的城市的林木覆盖率达到 45% 以上，形成以林木为主体，森林与其他植被协调配置的城市森林生态网络体系" 的战略目标。为了适应城市林业建设的长期战略目标的需求，北京、上海、广州和成都等地纷纷将园林局和林业局合并，为实现城乡一体化的城市森林建设奠定了制度上的基础。2004 年开始，由国家林业局、全国政协人口资源环境委员会等 6 个单位联合组建的 "关注森林活动" 组委会开始启动中国城市森林论坛和国家森林城市的评选工作。自首届论坛 2004 年在贵阳举行后，共评选出了 194 个国家森林城市。

在这种形势的推动下，作为城市森林功能的重要组成部分的城市森林保健功能逐渐成为科研人员关注的对象。虽然在早期并没有形成一个统一的概念，但众多的研究分别从各个方向上阐述了城市森林对人体健康的积极作用。如城市森林减少空气中污染物、抑制空气中致病菌的空气净化功能 （吴泽明等，2003；高岩，2005；崔艳秋等，2006；殷杉等，2007）；城市森林产生负离子的功能 （吴楚材等，2001；邵海荣等，2003；李少宁等，2010）；城市森林减弱噪音、改善小环境气候的作用 （陈佳瀛等，2005；张庆费等，2007）；以及城市森林在保健治疗方面的功能，如抑制肺癌细胞 （李晓储等，2005） 和对人心理的保健作用等 （郄光发等，2011）。王成 （2006）、张志强 （2007） 等先后总结了城市森林的保健功能的种类和对人体健康的效益。总体来看，虽然相关研究的数量增多，研究取得的成果和影响也在逐渐增加，但国内对城市森林保健功能的研究还处于一个初始阶段，尚需要在概念和理论上统一认识，并发展研究的方法和技术手段，才能更好地为指导城市森林保健功能的实践提供理论和方法。

（二）国外城市森林保健功能研究概述

相较中国而言，西方对城市森林保健功能的理解也有很长的历史渊源。据 Croce （1993） 记载：古代希腊人在选择城市位置的时候会考虑五个因素，其中即包括美丽的景观。古希腊的著名学者 Marshall 指出一个理想的城市环境是在城市的边界内保留有足够的植被，能够提供类似于郊区所能提供的功能。古罗马时期，罗马议会通过法令要求保留罗马城市周围的油橄榄树用来清除空气中的污染物。进入工业化时代以后，由于城市化的进程加快，西方国家城市中的环境问题也大量显现出来。19世纪工业革命时期，英国在工人的居住区由政府主导种植树木和建设花园，通过改善工人的居住环境来提高他们的健康水平，从而维持较高的生产效率。1843年，在利物浦建成了世界上第一个公共公园——波肯赫德公园。1898年Howard提出了关于新城市的规划构想——"花园城市"，通过城市内部的花园、公园及林荫道将城市化分为不同的功能区，城市四周保留农田，形成一个由中心向四周辐射的兼具美观和社会性的城市功能区（Howard，2001）。但是早期人们所关注的重点是城市树木的景观功能。直到20世纪中期，由工业排放和农业生产中化肥和农药的滥用给环境带来的巨大破坏逐渐被人们所认识。1962年，美国海洋生物学家Carson出版《寂静的春天》一书，她系统地阐述了人类大量使用化学药品对人类自身健康的危害（Carson，2003）。在城市中，居民开始关注他们周边的城市生态环境对自身生活的影响。在这种背景下，城市树木的保健功能引起了广泛的关注。

现代国外对于城市森林保健功能的研究始于20世纪70年代的北美地区，主要的研究方向集中在城市森林对空气的净化功能、改善小环境气候、对人心理健康的影响等几个方面。在北美，DeSanto等（1976）首次用模型定量分析了美国圣路易斯地区的城市森林净化五种主要的空气污染物的数量。继这项开创性的研究之后，Nowak（1994），McPherson（1998）等相继通过模型模拟的方式，研究了城市森林的空气净化功能。Heisler等（1986）研究了行道树或成片树林遮蔽紫外线辐射的效益。Scott等（1998）分析了城市森林在减弱热岛效应方面的功能。Ulrich（1984）在《科学》杂志上发文描述了城市中植物的视觉观感促进外科开刀病人尽快愈合好转的作用。Kaplan（1984，1995）提出"注意力恢复理论"，指出自然环境，特别是城市绿色空间对人们精神疲劳恢复具有明显的效果，强调城市森林可以为人们提供一个恢复和更新注意力的场所。而第一次明确地将城市森林与人体健康联系在一起的是欧盟在2004—2008年期间启动的COST Action E39"森林、树木和人体健康"研究项目，该研究项目从多个方面定性定量地研究论了城市森林的保健功能。而在日本，学者和政府管理部门一直关注城市森林的保健作用，Aoki等（1999）从视觉与人体心理健康的角度讨论了城市森林的空间配置。日本空气净化协会研究了森林与负离子产出的关系及负离子的保健作用。Miyazaki（2003）系统地研究了森林浴对人体健康的影响。Li等（2007）研究了森林浴对于提高人体免疫力的作用。这一系列的研究促使日本政府提出了森林医疗的概念，并提倡将森林浴作为一种医疗方法。而进入21世纪之后，科研技术上的突破更是促进了西方国家在城市森林保健功能研究和实践上的突飞猛进。总体来说，由于城市森林保健功能的概念符合西方社会人本主义的理念，在研究上受到政府和公众的广泛支持，因此西方国家目前在这个方向上具有绝对的领先优势。

第二章　城市森林保健功能的组成

随着城市化进程的加快，城市人口的急剧增加，城市中各种问题日益突出。诸如环境污染严重、工作生活压力大、锻炼休闲场所缺乏等城市病严重地危害了城市居民的身心健康。城市森林作为与城市居民关系最为密切的森林类型，在改善城市环境条件，创造宜居的健康城市方面作用巨大。它能够为城市居民提供改善环境、调节人体生理和心理状况、促进社会属性的健康等保健功能。因而，了解城市森林保健功能的组成及其产生途径，将为通过管理加强各项保健功能的发挥提供理论基础。

第一节　改善环境的保健功能

城市森林改善环境的保健功能是指城市森林通过影响城市的物理和生物环境来缓解城市发展带来的环境质量的下降并减轻对人类健康的损害。这些功能主要包括：空气净化、提高水质、降低噪声和改善小气候等。

一、空气净化的健康效应

（一）空气污染的危害

空气是人类生存环境中不可或缺的一部分。城市中由于化石燃料燃烧、工业废气排放、建筑施工等活动释放大量空气污染物，如二氧化硫（SO_2）、二氧化氮（NO_2）、一氧化氮（NO）、臭氧（O_3）、二氧化碳（CO_2）、细颗粒物等，造成了城市空气污染现象。城市空气污染直接危害人类健康，并可引发多种疾病，严重时甚至直接导致人死亡。城市空气污染是当前世界各国面临的最大环境挑战之一。

近年来我国的城市化进程明显加速，经济快速发展，居民机动车拥有量急剧增加，这使得我国城市空气污染越来越严重，空气污染对人体的危害也越来越大。空气污染对人的危害包括慢性（长期）影响和突发性污染事件的影响。慢性影响是由于城市居民长期生活在严重污染的空气中对人体呼吸系统等的危害而引起的呼吸道系统疾病、心脑血管疾病等多种疾病，这对人体健康危害很大。有研究对收集到的 1981~2001 年的健康数据和空气污染数据的分析得出中国南方人的平均寿命比北方（淮河以北）人至少长 5a 的结果。造成这一结果的主要原因是北方冬季供暖而大量使用煤炭，燃煤导致的空气污染对居民健康造成了巨大的影响（Chen et al.，2013）。另一方面，近年来，国内外突发性大气污染事件频繁发生，不仅造成巨大的经济损失，而且还给周边环境和居民健康带来严重危害。如 1952 年 12 月 5 日~9 日，伦敦市发生了严重的空气污染事件，燃煤产生的二氧化硫和粉尘等污染，在天气条件的共同作用下形成有毒浓雾，严重危害人体健康。此次烟雾事件在短短一周内就造成了超过

12000 名居民死亡。1984 年发生的印度异氰酸甲酯泄漏事故，导致了 2500 人死亡，3000 多人濒临死亡，12.5 万人不同程度中毒，约 10 万人终身致残。

城市森林能够减少已经释放到空气中的污染物，是对传统的以控制污染源为主的空气质量管理方法的有益补充。此外，城市森林靠近人口聚集中心，其空气净化作用能够影响到很大的人群。因此，城市森林的空气净化作用对城市居民的健康具有重大的意义。

（二）空气净化功能的产生途径

城市森林减少空气污染物主要是通过两个途径，即直接减少和避免空气污染物的排放（Nowak，2006）。在直接减少途径中，气态污染物如 SO_2、NO_2、O_3、CO_2 等可以经由张开的气孔进入植物内部被吸收，也可以溶解在湿润植物表面的水膜中。植物具有较大的表面粗糙度和表面积，利于阻滞空气中的颗粒物和促进其沉降。有研究显示 2002 年北京中心城区约 240 万株树木能够去除 772.0t 可吸入颗粒物（PM_{10}）、256.4t O_3、224.2 万 t CO_2、132.2t NO_2 和 100.7t SO_2（Yang et al.，2005）。美国全国的城市树木每年能去除高达 71.1 万 t 的各种空气污染物（Nowak et al.，2006）。

在间接途径中，植物能够通过遮阴和蒸腾的方式降低夏季的室内温度和环境温度，从而减少为了制冷而消耗能源所产生的污染排放。如美国的一项研究发现，利用树木对建筑物的直接遮阴效果能够减少 30%～50% 的因空调制冷产生的能源消耗（Akbari et al.，2002）。此时树木就像一个个"蒸发制冷器"，可通过蒸腾散热作用降低周围环境温度，除减少周围居民因空调制冷产生的能源消耗外，环境温度的降低能够减少光化学反应的活性，进而减少了二次空气污染物的生成。

除减少空气污染物外，一些树种分泌的有机酸、醚、醛和酮等化学物质有些还具有杀菌作用。如松柏类等植物释放的芬多精（或称植物精气，其主要成分为萜烯类物质），能够杀死空气中的细菌和真菌，对结核杆菌等病菌有很好的抑制作用。另外，医学实验证明，芬多精中含有的萜烯类物质还具有消炎镇痛、祛风利湿、美容护肤、刺激神经、增强体力、消除疲劳等多种功效。

城市森林还能通过电离作用产生大量的负离子。空气负离子被誉为空气维生素，具有降尘、灭菌、净化空气等作用。其含量在一定程度上反映了空气的清洁度及环境受污染的程度，被公认为对调节人体机能、改善体质和维持健康起着重大作用。

城市森林的另一个空气净化功能是保持城市中氧气的平衡。据美国林务局的研究显示，美国不同城市中的城市森林的净氧气制造能力（在扣减了树木枯枝落叶分解消耗的氧气之后）在 1000～86000t。在纽约，城市森林制造的氧气能够抵消 2% 的人口呼吸所消耗的氧气。而在新泽西州莫里斯镇，城市森林释放的氧气能够抵消 100% 的人口呼吸消耗的氧气。一公顷城市森林的年均氧气释放量能够产生足够 19 个人一年消耗的氧气量；但不同树木种类组成的城市森林其氧气产量不同，如在美国明尼阿波利斯，$1hm^2$ 城市森林的制氧量大致能够支持 9 个人的呼吸消耗量，而在加拿大的阿尔伯塔，能够支持 28 人的呼吸消耗量。

然而，城市森林也可以是空气污染物的源泉，这是由于树木能够释放生物挥发性有机物（BVOC）（如异戊二烯、单萜类物质）。树木释放 BVOC 的量的大小与树种、气温等环境因素有关。BVOC 能和氮氧化合物发生反应生成臭氧，也可以和二氧化硫等生成细颗粒物。由于环境温度的降低能够减少 BVOC 的释放，而树木的遮阴作用正好能够起到降温的作用，所以增加树木覆盖也有可能降低臭氧浓度。美国的一项研究表明增加城市树木覆盖率可以降低臭氧的浓度。如在纽约市，树木覆盖每增加10%，则最多能够减少4μg/L的臭氧浓度（Nowak et al.，2007）。

此外，一些植物释放的花粉对于具有花粉过敏症的人来说是重要的污染物。在一些国家，花粉致敏已经成为季节性的流行病，具有相当高的发病率。如美国居民花粉致敏发病率为2%～10%，欧洲的发病率由20世纪初的1%上升到20世纪末的20%，我国的发病率为0.5%～1%（欧阳志云等，2006）。一般而言，城市森林的花粉的致敏作用与如下因素有关：树种多样性低，少数常用种类成为重要的致敏源；外来物种或入侵物种成为新的致敏源；使用两性花树种中产生花粉的雄株造林；不合理的管理措施；种源关系相近的种类杂交产生新的致敏源以及花粉和污染物的相互作用等。大量研究显示，空气污染能够加深花粉致敏性。同时，花粉颗粒能够将附着在其上面的小污染物颗粒带入到呼吸道中，增加致病性。为降低花粉症的发病率，应加强对致敏花粉植物的研究，并采取措施控制致敏花粉的来源，减少威胁城市居民健康的隐患。如对北京城区花粉致敏植物种类、分布格局以及物候特征的研究表明：北京城区五环内共有致敏花粉植物19科32属99种，其中北京本地种52种，占总数的52.5%，国内引种和国外引进种分别占26.3%和21.2%。这些致敏植物的区系来源以北温带成分为主，占40.6%，其次是世界性分布和泛热带分布。公园内的花粉致敏植物种类最大，而行道树树种中花粉致敏植物的比例最高（欧阳志云等，2006）。

二、提高水质的健康效应

（一）水质污染的危害

历史上全球人口少且分散，人类活动能力较弱，所排放的有机物和无机物数量少而且大多数都易降解，水环境依靠自身净化能力便可降解或同化这些污染物。但随着人口的增加、城市化进程的加速，人类活动能力大幅增强，所排放的污染物数量远远超过水体自身具有的自净容量，引起了不同程度的水质污染。城市水质污染按照污染物的来源的不同可分为点源污染和面源污染两种。点源污染是指有固定排放点的污染源，主要来源于工业废水、生活污水的排放。面源污染，也称非点源污染，是指溶解的或固体的污染物在降水（或融雪）冲刷作用下，从非特定地点，通过径流过程而汇入受纳水体（包括河流、湖泊、水库等）并引起水体的富营养化或其他形式的污染。

地表径流污染已成为城市水质污染的重要来源。近年来中国城市中暴雨天气出现的频率和强度都有增加，面临的雨洪灾害增多，加上在城市规划中设计的排水系统能力不足，直接导致了中国城市普遍的的内涝现象。同时，城市地表上的污染物被洪水冲入自然水体，造成大范围水体的污染。因而径流污染发生的频次和强度都有增加。城市降雨后产生的地表径流中的污染物主要包括悬浮固体、好氧物质、重金属、富营养化物质（如氮、磷）、细菌和病菌、油脂类物质、酸类物质、有毒有机物（除草剂）等。径流中污染物成分及浓度大小随城市化程度、土地利用类型、人口密度等的变化而变化。城市降雨径流中的毒性污染物（有机磷、有机农药、病菌、重金属等）进入水环境后，各污染物将会发生协同作用危害水生生物，导致受纳水体内某些水生生物发生急性中毒；有毒污染物还会累积在水体食物链中，经食物链转移到人类，对人体健康造成危害。因水污染致人中毒甚至死亡的事件常有发生。

同样，工业污水、居民生活废水等污水如果不经处理或处理不当，直接排入河流或渗入地下，将会导致地表及地下水体污染。如果直接污染了饮用水源，造成饮用水中包含有毒有机物、重金属等污染物时，将严重危害人体健康。目前，我国大多数城市的淡水资源供给受到水质恶化、水生态系统破坏的威胁。全国城市污水日排放量已达 $6.822 \times 10^7 m^3$，80%左右的污水未经处理直接排入水域，造成全国 1/3 以上的河段受到污染，90%以上城市水域污染严重，近50%的重点城镇水源不符合饮用水标准（钟华平，1996）。城市水质污染问题严重危及城市居民的健康。

因此，当前中国急需采取综合措施来控制城市的地表径流，提高城市水体的质量。城市森林作为一种绿色基础设施在城市雨洪控制和水质提高方面可以发挥重要作用。城市森林能够通过冠层截留，增加土壤入渗等方式减少雨洪。城市中的植被浅沟、滤沟，植被缓冲带可以有效去除径流中的颗粒物、总氮、总磷等污染物。特别是河流等水体周围的树木、草本等缓冲带可以减少进入河流水体的污染物，提高水质。

（二）提高水质的途径

增加城市森林能够减少城市建设对自然水文循环途径的影响，主要的途径包括：①城市森林的冠层能够截留部分雨水。树木在降雨过程中能够通过表面的结构如枝条与树干的夹角、树叶和树干表面的起伏等截留水分，这些截留的水分通过蒸发回到大气中或形成滴落、干流；如研究人员对不同林龄的香椿林的林冠对雨水截留量的影响进行了分析，结果发现 8～13a、15～20a、25a 以上的香椿林林冠对雨水的平均截留率分别为 40.09%、51.77%、61.65%（谢刚等，2013）。可见不同林分均能有效截留降雨量，而且林龄高的林分由于树冠更密等因素，截留效应更强。②透水面和树木根系的活动能够增加雨水下渗。林地中由于枯落物的存在，减少了地表径流，而且树木根系和土壤间形成粗大空隙，有利于雨水入渗。③森林和土壤一起改变了边界层的特性从而增加了蒸散。与非透水面相比，森林及其生长的土壤有更大的表面积，通过蒸发和蒸腾作用将更多的雨水释放回大气中。这些水文上的变化能够引起其他额外的改变，如增加土壤含水量、增加基流、降低径流洪峰值和提高排水的质量。

城市森林影响水质的主要途径包括：①净化径流中的悬浮固体污染物。在城市中水体周边种植树木形成的缓冲带能够通过沉降作用和根系、枯落物的捕捉来过滤地表径流中的固体污染物。②净化有机污染物。这主要是通过土壤和枯落物层对有机污染物的化学沉淀和降解作用和土壤中微生物的分解作用进行。③吸收 N、P 等养分离子。这是通过植物和微生物对 N、P 等养分离子的吸收以及土壤的吸附作用进行。如陈步峰等（2004）对珠江三角洲城市森林生态系统的水质效应进行了研究，结果发现由于降水对树叶、枝干表面尘埃等物质的淋洗作用，大气湿沉降化学物质经过林冠后，P、K、Zn 等离子浓度增加，但城市森林土壤的储滤机制对于输出环境的径流水质量有显著改善作用。

三、降低噪音的健康效应

（一）噪声污染的危害

噪声污染被公认为是城市中的主要污染之一，与空气污染、水污染并称为城市环境的三大公害，已成为普遍的社会问题。城市交通、某些工业生产活动、城市建设过程中的施工活动等是城市噪声的主要来源，而且随着城市化进程的加速和社会经济的发展，城市噪声污染也越来越严重。根据国家环境保护部 2011 年的统计，中国城市中噪声等级为轻度到中度污染的城市占 26.3%，且在环保重点城市中道路两侧区域的夜间声环境质量达标率仅为 37.3%。在欧洲，有 8000 万左右的城市居民（总人口的 20%）受到超出可接受范围的噪声的影响（>65dB，称为噪声黑区）。另外还有 1.7 亿人暴露在称为灰色区（55~65dB）的噪声污染下。城市噪声污染严重影响着城市居民的身心健康和生活质量（Gidlöf-Gunnarsson et al.，2007）。

噪声对人类的危害是多方面的，主要表现为：①损伤人的听力系统。对于长时间处于高噪声的环境中的人，会伤害其听觉，甚至使其逐步丧失听力。这种影响对儿童更为严重。医学研究表明，儿童尤其是婴幼儿对噪声更敏感，由于其听力系统还未发育成熟，听力器官十分娇嫩，更容易受到噪声的猛烈刺激而损伤。城市公共交通的使用者大部分都有永久性的不可逆转的听力丧失，这种影响对大多数人来说都比在职业上受到的噪声伤害程度更大。②降低工作效率。研究表明，当环境中声音超过 85dB 时，人体的烦躁感更加强烈，因而无法将精神集中于工作，造成工作效率的下降，对个人和所在单位均是一种损失。③影响人类的睡眠和休息。噪声会使大脑兴奋，心情烦躁，而使人无法入睡，从而导致大脑的休息和人体体力恢复不足，影响第二天的学习和工作。长期如此，还会引起耳鸣、失眠、精神萎靡、神经衰弱、内分泌失调等症状。④损伤心血管。噪声环境可引起心跳加速、体内肾上腺分泌增加，造成血压升高，容易引发心肌梗塞、高血压等疾病。据统计，公路旁的居民患心肌梗塞的概率比其他人高出 30%，纺织厂工人患高血压的概率比其他人高出 15%（樵地英，2013）。

鉴于噪声危害的严重性，控制噪声刻不容缓。除了声屏障等措施外，城市森林也能发挥降低噪声的作用，是缓解城市噪声污染的重要措施之一。还可以将城市森林与各种声屏障结合使用，构筑"生态声屏障"，发挥更好的效果，减轻噪声污染的危害。

（二）降低噪声的途径

研究表明，合理配置城市森林植被能够有效降低噪音。树干、树枝和树叶能够通过对声波的折射、反射、散射和吸收来降低噪音。众多研究表明：一定宽度和密度的城市森林可以显著降低噪声，噪声在通过城市森林之后其能量被大大地削弱。另外，相比种植在靠近居住小区等受影响区域，树木种植在靠近噪声源的地方能够取得更好的减噪效果。研究表明，30m 宽的林带与柔软地表一起能够减少 50% 的噪声污染（6~10dB）。而由密集乔灌组成的 3m 宽的绿带能够减少 3~5dB 的噪音。

植被还可以通过风吹树叶的声音和树上鸟语虫鸣所产生的声音，减弱人们对噪音的烦躁。城市森林可以和音障、土坡等结合使用，以达到最大的减噪效果。

四、改善城市小气候的健康效应

（一）不利城市小气候的危害

随着我国经济的快速发展及城市化进程的加速，导致城市规模迅速膨胀、城市人口急剧增加、建筑物越来越密集、机动车辆也越来越多。其中，最主要的特征是城市内部不透水地表的比例（如水泥、沥青路面等）很大，而植被面积较少。高不透水地表覆盖、低植被覆盖改变了城市下垫面的热性能和渗透能力等特性，进而导致城市热环境的改变，并造成"城市热岛"和"城市干岛"等不利的城市小气候条件。不良城市小气候严重影响城市居民的日常生活和工作，如夏季的高温酷暑的加剧给人们的工作和生活带来诸多不便（李延明等，2004）。

城市热岛效应是指当城市发展到一定规模，由于城市下垫面性质的改变、大气污染以及人工废热的排放等使城市温度明显高于郊区，形成类似高温孤岛的现象（彭少麟等，2005）。国内外大量研究表明，城市气温比周围郊区农村要高，平均高出 0.5~1℃，在不利的天气条件下，可高出 6℃，甚至 12~13℃（刘玲，2008）。城市热岛效应是城市气候的显著特征之一，其强度受城市规模、人口密度、土地利用类型等影响。并且城市化进程快的地方热岛效应强度也高。热岛效应的趋势越来越明显，它严重影响城市居民的健康，高温致死、致病的现象十分普通。例如，仅在 2003 年 8 月的一次热浪袭击中，法国就有超过 5000 人死于高温引发的疾病。美国平均每年有 400 人直接死于高温，由高温引发其他疾病复发或加重而导致的死亡人数更是无法估计。在中国，城市热岛效应对心脑血管等疾病的诱发和致死也在多个城市中被观察到。除此之外，由于城市热岛效应所导致的能源消耗又进一步增加了温室气体的排放，对气候变暖是一个正反馈作用。

与此同时，城市干岛效应也应引起人们的关注。城市干岛效应是指城市中空气湿度低于周边郊区和农村的现象。它主要是由以下原因造成：①城市中拥有大量的水泥、沥青路面等不透水地表覆盖，这些不透水地表覆盖减少了降水的下渗，使得降水迅速成为径流，并随着排水管道、河流流向城市以外，从而减少了城市地表蒸散。②城市中植被覆盖面积较小造成蒸发、蒸腾作用的减少。③城市近地层垂直湍流交换强，利于水汽向高层输送等。城市市区的空气相对湿度比郊区低 4%~6%。并且随着城市的快速发展，城市相对湿度有逐年减小的趋势，城市干岛效应越来越明显。如日本东京 1955~1975 年空气平均相对湿度下降了 8%，超过了过去 80 年的下降值（5%）。我国上海的平均相对湿度也从 1941~1950 年的 80.9% 下降为 1971~1980 年的 78.6%（刘玲，2008）。

此外，由于户外运动的流行，太阳中的紫外辐射对城市居民健康造成强烈的影响。少量的紫外线对人体健康有益，但过量的紫外辐射能导致晒伤、皮肤的衰老和起皱甚至引起皮肤癌、眼病以及对免疫系统造成损伤。太阳晒伤本身是一个普通的健康问题，但是由太阳晒伤导致的皮肤癌则更具危害性。紫外辐射能够致癌的部分原因是它影响了人体的免疫系统。人体在过量的紫外辐射下免疫系统的功能受到抑制，即使是黑皮肤的人也会受到影响。此外，紫外辐射引起皮肤癌的原因是其造成了 DNA 的变化，从而使基因发生突变。紫外辐射对眼睛的影响主要是形成白内障，白内障是最常见的慢性眼病，占全球致盲原因的 53%。

因此，采取有效措施来缓解城市热岛效应、干岛效应以及紫外辐射的危害具有重大的现实意义。城市森林作为一种绿色基础设施，能够发挥降温增湿、遮挡紫外线等作用；特别是在炎热的夏季，城市森林能起着良好的改善城市小气候，提高城市居民生活环境舒适度的作用。

（二）改善城市小气候的途径

与其他城市建筑材料相比，植被具有较大的热容量、较低的热传导率和热辐射率，以及不同的湿度、空气动力学特性，这也是城市森林缓解城市热岛效应功能的基础。城市森林对城市热岛效应的缓解作用主要通过以下方式：①城市森林降低环境温度的一个关键过程是蒸腾作用。植物通过光合作用吸收大量的太阳辐射，并通过蒸腾作用消耗下垫面的辐射热，从而降低了植物周围的空气温度。特别是一些树冠浓密的乔木，其降温效果更好。美国的一项研究表明，在一座房屋周围种植 3 株树木就能产生明显的降温效应，每年可使该房子减少 53% 的空调用电量（徐涵秋等，2004；崔鉴鉴，2011）。②树木通过遮阴作用可直接阻挡太阳辐射对地面和空气的加热，在树冠投影范围内形成一个温度远低于开阔无遮挡地带的冷区。③根据城市森林种类的不同，城市森林还能通过改变空气流动的方向和速度来改变空气温度。如热空气在通过开阔的草坪或一定疏透度的树林时形成的对流能够降低空气的温度，但是密林在一定气候条件下也能截留热空气，造成林内的闷热效应，所以应合理配置城市森林的组成和结构。

城市森林对于城市干岛效应的缓解主要是通过蒸腾作用实现。城市森林的蒸腾作用非常明显，1 株成年大树 1d 可以蒸发水 4000kg，林内空气湿度会明显上升。夏季行道树的蒸腾作用能使街道上的空气相对湿度提高 19%~20%，1hm² 森林增加的空气湿度相当于相同面积水面的 10 倍（李琼，2005）。

城市森林减少紫外辐射对人体伤害的途径主要是通过树冠的遮阴作用。在树荫下紫外辐射能够被减少 63% 左右，在临近树荫但无直接遮阴的地方，紫外辐射的减少在 40% 左右。落叶后的树木还能够减少 56% 左右的紫外辐射。在有浓密树冠，几乎不能看见天空的地方紫外辐射能被减少到无法测量的程度（Heisler et al.，2003，2005）。

人体的舒适度直接和空气温湿度、太阳辐射和风速相关（图 2-1）。城市森林对这三个因子都能产生影响，因此可以通过城市森林的种植和管理来使小气候达到人体舒适区的范围。

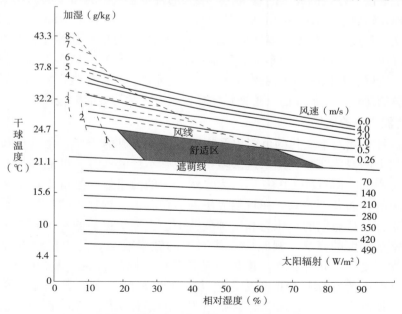

图 2-1　人体舒适度与环境因子图（自美国能源部 2012）

图中灰色部分是人体感觉舒适区。可通过管理使各项环境因子达到舒适区的范围。

第二节 调节人体生理和心理状况的保健功能

一、改善视觉的健康效应

(一)不利视觉的危害

视觉效应是人体基本功能的一种效应,也是人们对环境节律的全面反应,是人类生命节律活动的重要内容之一。良好的环境节律有助于视觉效应的提高,有益于人们的身心健康。然而,在城市中千篇一律的建筑形象和单调的建筑色彩,斑驳陆离的广告,乱七八糟的商店、地摊和拥堵不堪的车辆构成了视觉污染,侵害着城市居民的身心健康。人们通常对于城市中的大气污染、水污染、噪声污染等对人体健康的危害比较重视,因为这些污染很容易被人感觉到。然而对视觉污染造成的疾病或危害则不够关注。据医学界的研究显示,现代都市中患有心理疾病的人越来越多,这些人心浮气躁、厌倦、情绪波动大、自控力减退,有的甚至神经衰弱、失眠、自杀等。造成这些症状的原因除噪声、空气污染等,还有一个被人忽视的重要因素,也就是视觉污染(葛小凤等,2006)。视觉污染不可小视,它不仅能导致神经功能、体温、心律、血压等失调,还会引起头晕目眩、烦躁不安、食欲下降、注意力不集中、无力、失眠等症状,长期如此会对人的身心造成很大伤害,因此视觉污染给人造成的危害也应引起高度关注。

城市视觉污染包括硬环境和软环境视觉污染两方面。城市硬环境是指城市范围内的建筑形态、建筑色彩、市政设施等。城市建筑色彩造成的视觉污染主要体现在色彩趋于相同或是色彩过于混乱。建筑的高度问题也会影响人的视觉感受。城市中的摩天大厦如果与周围环境或其他建筑物不协调,会增加人的压抑感。城市软环境是指城市文化底蕴、内涵、社会风气、文明程度、人口素质等社会状况。城市软环境污染问题同样影响着市民的视觉感受和身心健康。如城市中各种车辆的乱停乱放,布局不合理、色彩不协调的广告等造成的视觉污染。所以,我们必须重视改善城市的视觉环境,减少视觉污染。以绿色植被为主体的城市森林的建设即是最佳的改善视觉环境,减少视觉污染的措施。

(二)功能产生的途径

城市森林具有随四季变化的色彩以及树干和枝叶组成的千变万化的形状和图案,这些色彩和形状上的变化能被利用来遮蔽城市中观感不佳的地方,也能够直接对人体的生理和心理产生影响。Kaplan(1992)认为自然环境的健康效果是基于观察和注意到自然因子的基础上的,而并不是基于在自然界中的活动之上。视觉中的自然因子具有三种主要的健康效果,包括短期的从压力和精神疲劳中的恢复、更快的从疾病中恢复,以及长期的健康和幸福程度的提高。视觉中自然因子的健康效果是基于自然景观具有的连贯性、可识别性、复杂性和神秘性。连贯性是指各种不同的景观因子有机地整合在一起,能够提供一种有序的感觉并帮助集中注意力。可识别性是指景观中各种因子都非常明显,能够容易地被识别出来。复杂性是指景观中的富有变化和充满各种信息。神秘性是指景观为观察者提供的能够更深入了解的机会。连贯性和可识别性能够帮助人们增强对环境的认识,而复杂性和神秘性能够增强人们对探索周围环境的兴趣,因为它们往往代表有更多地可看的东西。

树木对视觉的改善作用源自于它们给我们心理上提供的暗示。比如树形，在非洲、亚洲、欧洲、北美洲的调查都显示人们喜欢开展的树形，这和人类起源于稀树草原地区，而这些地区的树形大多是开展的相关。色彩往往代表一种环境是否适宜于人的生存，鲜亮的绿色往往是生长旺盛、营养丰富的植物，黄色代表环境的胁迫和降低的食物可能性，因此我们对色彩的喜好是我们一种雕刻在基因中的反应。而树木枝条形成的图案可以用分型来表示，即包含有重复的格局的几何形状。通常分型系数为 2 时代表非常复杂的图案，而一个图案很稀疏或基本空白时其分型系数是 1。我们喜欢的自然界的树木的分型系数通常在低到中等的范围，这也是稀树草原的分型系数范围。

另外看到自然景色能够让人感觉到周围的空间和时间的变化，比如季节的变化，能够增加景色的美观度（图 2-2）。视觉的改善作用在性别之间存在差异。对于女性来说，无法看到自然会更多地影响到身体健康；而对男性来说，对精神健康的影响更大。一项在老年人中所做的研究显示，居住在能看到风景的房间的老年人的血压和心率都比那些看不到风景的低。对城市工作人员尤其是在没有窗户的办公室工作的人员，一个非常有效的缓解压力和改善健康的方法是看到自然环境。和那些看不到的工作人员相比，能够看到树和花的工作人员会感到更小的工作的压力，也通常对工作有更高的满意度，而且产生更少的疾病和头疼。还有研究显示自然因子能够帮助缓解一些因工作压力带来的负面影响，比如说想辞职等。仅仅通过看到自然环境就能够极大地提高人的健康。

|春|夏|秋|冬|

图 2-2　城市森林表征四季变化

二、缓解压力和疲劳的健康效应

（一）压力和疲劳的危害

现代城市空间范围不断扩大，城市人口急剧增加，城市居民的生活节奏越来越快，社会竞争压力也越来越大。城市中居民普遍感到工作和生活的压力在上升，而长时间的通勤和工作往往使上班族感到疲劳，这些影响减少了生活的幸福感并可能导致一些疾病。如因压力等原因导致的肥胖、糖尿病、心血管疾病、失眠、抑郁症等病症严重危害城市居民健康。在青少年人群中，学习压力过大已经成为了自杀的主要原因。

此外现代城市生活具有快节奏，充斥着高科技办公和娱乐、虚拟世界，隔绝了人与自然之间的联系的特点。太多的人为强烈刺激和在纯粹人造的环境中停留过长的时间会造成疲劳并引起活力和健康的丧失。长期的疲劳是导致城市居民亚健康和产生各种慢性疾病的主要原因。据调查显示，中国城市白领亚健康比例达76%，处于过劳状态的接近60%。

城市森林营造的绿色环境能够帮助城市居民降低压力和缓解疲劳。当人们置身于城市森林中进行娱乐、锻炼等活动时，能够极大地缓解因日常工作和生活中带来的压力和疲劳（Van den Berg et al.，2010；Roe et al.，2013）。

（二）功能产生的途径

对城市森林缓解压力和疲劳的健康效应的产生机制的解释主要有注意力恢复理论和压力缓解理论两大理论。

注意力恢复理论是环境心理学的主要理论。它是基于这样一种假设：人对一种刺激（如工作）在特定时间内的直接注意力需要人阻断其他刺激的影响，而这种阻断能力随着时间的延长逐渐衰减，从而产生工作中出错、不能够集中注意力和不耐烦等问题。而自然环境能够帮助人们从精神疲劳中恢复，因为它们能够提供一种温和而有趣的刺激，而接受这种刺激不需要脑力活动。注意力恢复理论的核心是两种注意力状态的更替，即直接注意力和随意注意力的交互（Kaplan，1995；Stack et al.，2013）。人处于直接注意力状态时需要集中注意力，要大量的精神能量来维持。而处于随意注意力状态时则相反，需要很少甚至不需要精神上的活动来维持。随意注意力通常发生在一个内在有趣的、吸引人的、能够自动引起我们注意的环境中。人维持直接注意力的时间有限，所以需要采取措施来恢复直接注意力。恢复直接注意力包括两个部分：从精神疲劳中恢复和有机会进行反思。自然环境能够提供一个场所，使人能够注意到周边的环境但不需要放太多的注意力在上面，因而能够将精神能量用来恢复和更新直接注意力（Kaplan，1995；Stack et al.，2013）。自然环境除了能够提供随意注意力外，还能够给人一种逃离现实的感觉。而且城市森林还能为人们提供一种环境去选择到底是应对还是逃避城市中各种有威胁性或有压力的外界刺激。

压力是指人们在心理上、生理上和行为上针对挑战性或恐惧性环境所作出的响应过程。生理学方面认为，压力是自主神经系统对伤害或对伤害的恐惧所做出的反应。从心理学上说，压力是个体具备的应对挑战能力的认知判断，当人们判断出自己不能处理当前环境的挑战时，人们就会感觉到环境中存在着危害与恐惧，从而产生压力（谭少华等，2010）。压力缓解理论认为人们注意力下降是由于压力所产生的结果，并认为自然环境对人们情感和生理方面具有积极的作用，在缓解精神压力方面具有明显效果。压力缓解理论关注人们在城市森林或自然环境中活动所带来的情感和生理上的益处，并强调人们在体验自然环境过程中所带来的压力缓解作用。当人们处于祥和的城市森林或自然环境中，甚至仅仅观看自然环境（包括植被、水体等）相关的影像，就会对人的情感反应、行为方式取向和注意力放松等产生积极的促进作用，从而使原处于紧张环境中的人们感到压力减轻（谭少华等，2010；Hansmann et al.，2007；Velarde et al.，2007）。

除提供了一个减轻压力和恢复注意力的场所外，城市森林中的一些树种分泌的芳香性化合物还能够舒缓情绪和让人放松，从而让人感到压力的减少。经常在城市公共绿地中活动的人们，感觉到压力存在的几率要低得多；人们使用城市公共绿地的频率越高，其患精神压力相关疾病的概率就越低。

越来越多的研究证实了城市森林对缓解精神压力、消除疲劳的明显效果。如有研究表明，当人们处于头痛、压抑状态时，在城市绿地中活动，压力释放程度可达到87%、头痛程度可减轻 52%（谭少华等，2010）。研究人员对进行了外科手术的病人的恢复情况进行了实验观察，发现手术后所住病房的窗外有树林的病人，其康复速度比单纯面对砖墙的病房中的病人快得多。进一步研究表明，重症监护病房中的病人在有窗户的病房内比在没有窗户的病房具有更好的精神状态，对医院护理人员的抱怨也少得多（谭少华等，2010）。

三、调节心理情绪的健康效应

（一）心理情绪失调的危害

城市生活中过大的压力和长期的高度紧张对城市居民的心理情绪造成极大的损害，而现代城市生活的简单家庭结构和陌生的邻里关系又使得城市居民缺乏倾诉和宣泄的渠道，因此容易产生种种精神上的问题。在中国每年自杀的 25 万人中，患有抑郁症的人占到了一半。在上海和广州的调查都发现有某种精神或情感障碍的人数已经超过了人口的一半以上。而根据世界银行和世界卫生组织在 2005 年的调查，精神失常导致的疾病已经占到世界所有疾病的 10%。

维护良好的城市森林对人的心理情绪的调节有很好的效果，城市森林具有自然的舒缓和镇静功能。城市居民在城市森林中往往能获得良好的情绪、平静的心情，同时能够减少负面的情绪，包括忧郁症和愤怒等。

（二）功能产生的途径

对城市森林心理调节作用的解释主要有精神生理/压力减轻理论和生物喜好理论。压力减轻理论是基于人的心理与自然界中的经历的相互联系。它认为生活中的重大事件或日常生活中产生的压力会诱发一种状态，在这种状态下，主要是人的交感神经系统在起作用，比如说去战斗或逃跑的反应。而放松的反应主要是由副交感神经系统在作用。因此在一个没有威胁的自然环境里面能够降低交感神经系统的反应，比如说血压、心率、皮肤导电率、可体松浓度等等。这已经被多项研究所证实，例如日本的一项研究发现在森林中能够明显的降低人的血压，增强副交感神经的活力但同时降低交感神经的活力，降低心率。受试者表示有更少的负面情绪和更积极的态度（Lee et al.，2011；Tsunetsugu et al.，2013）。

而生物喜好理论认为人类有基于生理和内在的需求去和生物或者生物相关的过程建立联系。人类对与自然接触的渴望源自于基因和竞争，自然环境是对于人类来说是感觉幸福、生理和心理健康的一个重要源泉。

第三节　促进社会属性健康的保健功能

一、提供锻炼休闲机会的健康效应

（一）缺乏锻炼休闲的危害

体重超标和缺乏锻炼是城市生活中的常见现象。有数据显示，中国城市白领工作人员的每天锻炼时间平均少于 20min，而世界卫生组织建议 19~64 岁的成年人每周最少要参加 150min 的适度有氧运动或 75min 剧烈有氧运动。缺乏锻炼是一系列城市疾病的主要原因，包括肥胖、糖尿病、心血管疾病等。世界卫生组织发布的简报指出，缺乏锻炼已成为全球第四大死亡风险因素。据估算，目前全世界每年因缺乏锻炼而致死的人数高达 320 万人。缺乏锻炼对健康的不良影响十分持久。中国成年人中体重超重者已经超过了 30%，意味着每三个人中就有一个体重超重的。而在青少年儿童中肥胖症的发生率已经达到 11%。中国成年人中的糖尿病患病率已经接近 10%，在 2011 年治疗的支出达到了 170 亿美元。这些都对城市社会的公共健康和医疗体系构成了极大的威胁。

缺乏锻炼的原因是多方面的，其中之一便是缺乏必要的锻炼环境，如居住场所拥挤、缺少公园绿地等。城市森林提供的自然环境能够为城市居民提供良好的锻炼场所，能够促进居民的锻炼欲望。研究显示居住在具有良好自然环境的居住区的居民参与身体锻炼的概率比自然环境不好的居住区的居民高 3 倍，其发生肥胖的概率要低 40%。

（二）功能产生的途径

目前有充足的证据显示体力活动对人体健康是有益的，但是对体力活动增加的程度和绿地的多少的联系还需要更多的研究。城市森林提供锻炼休闲机会主要是通过两个途径：城市森林本身提供了一个锻炼的场所；另外是城市森林中的自然因子形成了一个景观优美的场所，吸引人们到其中进行活动。城市森林提供的锻炼游憩机会主要有行走、慢跑、骑自行车、采摘和野餐等。无论锻炼的强度如何、持续多长的时间，或者是采用的哪一种锻炼方式，在绿色环境中锻炼都可以产生很多身体上和精神上的益处。比如说，在森林中锻炼能够在体力上放松和休息，产生一种健康的感觉。而且一些锻炼方式如散步能够降低糖尿病人的血糖浓度。一些西方国家已经在开展各项活动，鼓励人们到绿色环境中锻炼，比如说英国的绿色体育馆项目通过安排人们参加地方上的环境维护或种植工作来帮助他们到绿色环境中活动。日本的森林浴基地也是类似的项目。

二、增加社交和归属感的健康效应

（一）缺乏社交和归属感的危害

现代城市居民和过去相比家庭都相对较小，和家庭成员之间的联系减少；同时大量的高层建筑和活动空间的缺乏使得邻里之间的来往减少；而现代以网络、计算机游戏为主的娱乐方式更减少了城市居民和外界接触的时间和机会。这种缺乏社会交往的生活方式往往造成很多健康问题和社会问题，如孤独症、抑郁症、缺乏安全感和归属感，使人更具有攻击性和容易使用暴力等。

早在 1998 年，美国心理学专家就预言：随着中国商业化进程的不断推进，心理疾病对自身生存和健康的威胁，将远远大于一直困扰中国人的生理疾病（彭怀仁，2000）。孤独症、缺乏安全感和归属感影响着城市居民的心理健康。例如，美国密西根大学的一项研究显示，缺乏归属感可能会增加一个人患抑郁症的危险。研究人员给 31 名严重抑郁症患者和 379 个社区学院的学生寄出问卷，问卷内容主要集中在心理上的归属感、个人的社会关系网和社会活动范围、冲突感、孤独感等问题上。该调查发现归属感是一个人是否患有抑郁症的最好预测指标。归属感低是一个人陷入抑郁的重要指标。而归属感不强主要因为：对自己从事的工作缺乏激情，责任感不强；社交圈子狭窄，朋友少；业余生活单调，缺少兴趣爱好；缺乏必要的体育锻炼等（杨坤等，2006）。

　　城市森林能够使城市环境更适宜于居住、工作和休闲，提高城市生活的质量，增强对环境的责任感和态度，并且能够帮助建立社区意识，增强社区的社会和谐度和自我尊重的意识。这对于增强归属感、扩大社交范围十分有益。

（二）功能产生的途径

　　社区中的自然因子在形成居民对社区的认同感和他们与其他居民的交流中起着重要的作用。城市森林能够增加社区的凝聚力，提高归属感并有助于建立自我认知（Van Herzele et al.，2010；de Vries et al.，2013）。社区的凝聚力使大家相互信任、有共同的道德准则和价值观，有积极友好的关系和被接受、找到归属的感觉。归属感是对社区的认同，即人们和一个场所在感情上所形成的联系。而一个地区对于人形成对自己身份的认知具有很大的影响。社区凝聚力、归属感和自我认知对于居民的健康和幸福度有着重要的影响。

　　城市森林能够增加邻居间的非正式交往，为居民尤其是老年人提供了一个社交的场所，便于他们之间的交流。居住在有较高绿色覆盖的区域的居民会更少地感到孤独，能够减轻社会孤独感和抑郁症。对于年轻人来说，在绿色的户外空间休闲是和对生活质量的提高的认识有直接关系的。绿色景观常常和更多地父母对孩子的监督教育相关，能够减少父母对孩子的暴力行为。绿色景观在促进孩子早期的发展的活动方面有很强的作用。树和绿色植被还能够减少社区内的暴力。研究发现居住在有树木的高层建筑的居民比那些居住在没有树木的高层建筑区的居民要表现出更少的语言和物理攻击性，而且更少地使用暴力。有良好绿化的社区通常面临更少的恶意破坏、乱到垃圾、涂鸦和犯罪等行为。

第三章　影响城市森林保健功能的因素

城市森林作为城市生态系统的重要组成部分，其保健功能可以很好地缓解城市化所带来的各种环境问题。然而在现实中，城市森林的各项保健功能往往得不到充分的发挥，实现功能的最大化。因此，对影响城市森林保健功能的各种因素进行探讨是十分必要的。城市森林作为与人类接触最为密切的森林生态系统，影响其保健功能的因素不仅仅包括外界环境因素和自身的结构因素，还包括与人类社会密切相关的社会经济因素以及人的因素等。

第一节　外界环境因素

城市森林改善环境等诸多保健功能的发挥不可避免地会受到外界环境的影响。外界环境因素对城市森林保健功能的影响主要体现在两个方面：①外界环境对城市森林产生保健功能的影响，即对功能产生载体的影响；②外界环境对公众接收城市森林保健功能的影响，即对受体的影响。影响城市森林保健功能的因素是多方面的，而且各个环境因素之间不是孤立存在的，它们之间也会相互影响、相互限制，共同作用于城市森林的保健功能。某一因素的改变往往会引起其他因素发生不同程度的变化，如光照不仅可以直接影响气温，而且还间接作用于土壤温度、湿度等其他环境因素。一般而言，影响城市森林保健功能的外界环境因素主要包括气候、地形条件、植被类型以及城市小环境。

一、气候对城市森林保健功能的影响

（一）气候对树木生理功能的影响

气候决定了植物的生存与分布，形成了大尺度上的植被分布区，这是影响城市森林保健功能最基础的因素。气候条件的改变会影响城市森林保健功能的强弱以及功能发挥的类型。剧烈的气候变化对树木正常的生理功能产生严重的影响。当植物赖以生存的水热等气候条件发生变化时，树木固有的生理代谢过程以及生命周期也随之发生变化，影响城市森林保健功能的强弱。如随着温度的升高，树木的生理活动加快，固碳释氧、释放空气负离子等保健功能也随之增强，但超过最适温度后，树木正常的生理活动则受到影响，产生部分功能的紊乱，起不到良好的释放氧气、调节气候等保健功能。适当的低温对温带树木的生长发育是有益的，甚至是必需的。多数树木在休眠期会经历一段时间的低温累计，当低温累计不够，会在很大程度上影响树木的花芽分化和枝条的萌发。北方地区暖冬的出现会导致低温，部分树木的开花发生异常，影响到观花植物的景观功能，但是，其后变暖导致一些观叶植物生长季的延长，增加了城市森林的绿色时间。

水分的过多或过少会影响到树木形态的变化。在干旱的气候条件中，叶片变小变厚，根部生长增加、叶片进化出蜡质和绒毛等抗旱变化，各种形态及颜色变化对城市森林视觉改善功能的影响明显。而极端恶劣天气的出现对树木的生长往往是致命。短时间内的剧烈降水，会直接造成树木折断等机械性损伤，市区内形成积水也会影响到树木正常的生理代谢过程（图3-1）。连续的干旱会造成树木的气孔关闭，蒸腾作用降低，自身温度升高，甚至死亡，严重干扰城市森林改善小气候、释放氧气等保健功能的发挥。

图3-1 极端天气对树木产生损伤

（二）气候对人体感知保健功能的影响

适宜的气候条件不仅是城市森林正常生长、发挥保健功能的基础，也是人体感知保健功能的重要因素。在适宜的气候条件下，人类可以更好地享受城市森林的各项保健功能。

高温高湿的气候条件往往是令人难以忍受的。研究表明，高温可使人体免疫功能减退，免疫细胞在40℃时即可受到抑制，43℃时则可发生不可逆性损伤；潮湿的气候阻碍人体汗液的挥发，影响身体健康。在高湿度时，环境温度30℃即可使安静状态下的人体体温升高、脉搏加快、汗蒸发率下降（李亚洁等，2004）。同时在寒冷的气候中，人体的抵抗能力降低，增加疾病发生的几率。当温度和湿度条件不适宜时，公众接触城市森林的动力将减少。即使是处于结构较好的城市森林环境，温度的不适也会影响人们对城市森林保健功能的感知，而诸如调节人体生理和心理状况等城市森林的保健功能更是难以发挥。只有在相对适宜的气候条件中，人体的生理活动状况可以达到较好的状态，城市森林的能使人心情愉悦、增强调节人体生理和心理状况的保健功能才能最大的发挥。

（三）对不利气候影响的调节

人类可以通过一些管理措施来创造适合树木生长和人类活动的小气候条件。在干旱的气候中可以通过增加耐旱树种的栽植，配置合理的城市森林结构，创造气候适宜的小环境。在炎热的气候条件下，可以通过栽植枝叶繁茂、树冠较大的树木，形成良好的遮阴环境，利于人们进行休闲活动，可以更好地发挥城市森林改善气候的保健功能。舒适的气候促进公众参加休闲等保健活动，进而发挥城市森林促进社会属性健康的保健功能。对于不利气候条件的改造也可以辅助以人工措施，例如人工洒水降温，在夏季炎热的中午，对新植树木进行洒水，能起到改善树木局部的生长环境，调整小气候的目的。

二、地形对城市森林保健功能的影响

（一）地形对树木生理功能的影响

地形条件是树木生长的物质基础。不同的地形条件，会形成不同的光照条件、风向风速、温度和降水水平等等。良好的地形条件可以为树木提供良好的生存条件，进而形成良好的城市森林保健功能。地形对城市森林树木生理功能的影响主要体现在两个方面：海拔高度和坡度、坡向。

海拔高度对城市森林的影响主要体现在树木种类上面，随着海拔高度的上升，气温逐渐降低、辐射增强以及空气变得稀薄，而城市森林能够使用的树木种类也逐渐减少。但城市森林改善环境的保健功能不但不会降低，反而会增强。因为诸如街道树等将是高海拔地区的城市居民所能直接接触到的为数不多的自然因子，能够极大地缓解环境所带来的压力，改善单调的景观。

坡度和坡向对树木的生长也产生明显影响。平坡和缓坡土壤肥沃，含水量较高，适于树木的生长；而在陡峭的险坡上多岩石裸露，不利于树木的生长。阳坡获得是日照时间较长，温度较高，但是水分蒸发量大，湿度小，适于喜温、耐旱树种的生长；阴坡温度低，土壤含水量高，属于耐阴树种的生长。地形的迎风坡可以获得较多的降水，土壤质地较好，更有利于树木的生长。地形条件往往会直接导致水分的分布不平衡，沟壑之中可以富集较多的水分，山脊则较为干旱。溪流、绿洲或者与水源较近的沟壑之中，更有利于树木的生长。在地形条件较好、立地条件好的环境中，城市森林净化空气、改善城市小气候等健康效益较强。但在地形较差的环境中也往往会形成许多独特的景观，如生长在悬崖边的树木体现了生命的张力。公众进行游憩时，会对心理有良好的保健效果，正所谓"无限风光在险峰"。

（二）地形对人体感知保健功能的影响

立地条件的差异不仅直接影响树木的生长状态，影响到城市森林保健功能的产生，而且还会影响到人体对部分保健功能的感知。高海拔地形会限制体力较弱的人群直接参加城市森林保健的相关活动。虽然静态地对城市森林进行观赏也有改善视觉、调节心情等健康效应，但无法享受到城市森林全部的保健功能。人们在不同坡度的地形中锻炼，对森林保健功能的感知是不同的。人们在地形平坦的城市森林中进行锻炼等活动，在感受视觉保健功能的同时，可以充分地享受城市森林所提供良好环境。而在地形陡峭的城市森林中时，则以有氧锻炼为主，感受城市森林改善城市小气候等改善环境的保健功能。相对于缺乏水源的地形，人们对存在水源的地形更有亲和性，更有倾向去参加锻炼活动。

（三）对地形环境的改造和利用

地形对城市森林的保健功能发挥的载体和受体两个方面会产生重要的影响，在城市森林建设中，可以模拟自然地形，创造出山坡、河流等来丰富景观和增加游憩活动的多样性，给城市居民一个良好的视觉冲击，减少城市建筑的单调性。自然化的城市森林景观还能在一定程度上吸引人群的活动，增强人群去城市森林中游憩的主动性。

森林疗法是目前被广泛接收治疗活动，它主要是针对与精神压力有关的疾病，利用森林和林产品带来的生理或心理上的改善，以达到缓解紧张效果（南海龙等，2013）。森林疗法基本思路是针对不同的人群，充分地利用地形条件，设计出不同疗养路线，给受访者带来最大的保健效果。日本森林疗法线路的平均坡度应在5°以下，如果坡度过大，则会影响到保健功能的实现。年龄较大的人群适于在地形平坦、锻炼时间较短的线路中进行疗养。

三、植被类型对城市森林保健功能的影响

（一）植被类型对城市森林保健功能的影响

植被类型的形成是多个气候因子共同作用的结果。在不同的气候条件下，会形成不同的植被类型。在我国，受水分条件的限制，从东南沿海向西北内陆植被依次出现：湿润森林、半干旱草原、内陆干旱荒漠等植被类型。不同植被类型的城市森林，所发挥的保健功能是不同的。随着气候条件的逐渐恶劣，不同的植被类型中，物种组成逐渐减少，森林结构趋于简单，改善环境等保健功能逐渐减弱。植被类型间不同的物种组成和森林结构所形成的城市森林保健功能也并不一致。下面以热带雨林、落叶阔叶林和荒漠进行分别阐述说明。

热带雨林的物种组成极为丰富，群落结构复杂，分层不明显，藤本和附生植物丰富。优良的水热条件还会影响土壤的形成和发育。树木的生长、凋落物的输入、有机质的分解等生化过程均能改善土壤的理化性质（欧阳学军等，2003）。热带雨林的植被净初级生产力要明显高于其他森林类型（陈雅敏等，2012）。因此在热带雨林良好的群落结构的基础上建设的城市森林有很强的空气净化、提高水质、调节城市小气候等保健功能。

落叶阔叶林季相明显，树木春季抽芽、夏季成荫、秋季枯黄、冬季则完全落叶。不同的季节的景象可以带给公众不同的心理暗示。如春季的新芽会让人感觉充满生机、富有活力。丰富的季相变化以及多变的色彩可以起到良好的调节人体生理和心理状况的保健功能。落叶阔叶林的物种组成明显低于热带雨林，群落层次较为清晰，乔、灌、草三层结构明显，可以较为充分的利用光能，提高光能利用率，具有良好的净化空气、改善小气候等改善环境功能。

荒漠的植被状况较为稀疏，种类贫乏，群落结构简单。荒漠植被所处的气候干燥，环境条件比较严酷，树木在形态和生理上会发生一定程度的适应性变化，在这些地区，城市森林固定土壤、防止水土流失等生态功能往往要高于改善气候等保健功能。

（二）植被类型对人体感知保健功能的影响

植被类型对人体感知保健功能的影响也是十分重要的。不同的植被类型对人类参加城市森林保健活动具有不同程度的限制和影响。如热带雨林复杂的群落结构、茂密的植被，使公众很难深入，如增加锻炼机会和促进社会属性健康等城市森林保健功能难以实现（图3-2）。此外，热带雨林内部阴暗潮湿的环境、各种有害生物的大量存在会引起公众心理上的紧张，不能很好地起到调节人体生理和心理状况的保健功能。落叶阔叶林的林下空间较为稀疏，增强了公众的可达性，提供了游憩、参加锻炼的机会（图3-2）。公众可以较好地参加户外休闲等活动，充分体现城市森林促进社会属性健康的保健功能。荒漠恶劣的气候条件使得树木的叶面积变小，地下部分发达，某些植物还会形成某些特定的储水组织。树木的特异性变化形成了独特的荒漠景观，促进公众更多地参加户外游憩活动。但是另一方面，荒漠地区的树木对环境的改善作用相对严酷的环境来说比较微小，会降低公众对城市森林保健功能的整体感知。

图 3-2　不同植被类型对参与保健过程的影响（何荣晓摄）

（三）对植被类型的改造

处于不同植被类型下的城市森林对于保健功能的发挥具有不同的侧重点，因此，为了使公众更大程度地感受城市森林的保健功能，需要针对不同的植被类型对城市森林进行改造。处于热带雨林植被类型区域的城市森林，应当对过于茂盛的林下植物进行适当的整理，开发合理安全的旅游路线，创建适宜人们活动的场所，在发挥原有改善环境等保健功能的基础上，增强促进社会属性健康的保健功能。落叶阔叶林植被类型区域的城市森林往往会受到人类的干扰，森林的结构容易受到破坏，影响功能的发挥。因此，加强城市森林的管理环节是非常重要的，如对城市中人工种植形成的单一的森林结构进行完善，在加强城市森林改善环境功能的同时，增强其整体的景观度。这包括注重彩叶树种的应用，充分发挥落叶阔叶林的季相景观，增强改善视觉的健康效应的功能。以及适当增加常绿树种的应用，改善冬季过于单调的色彩。同时在各类植被类型基础之上建立的城市森都应该注重提供游憩、休闲活动的场所，增加社区邻里间的交流，发挥提供锻炼休闲机会和增加社交和归属感的健康效应。

四、城市小环境对城市森林保健功能的影响

（一）城市小环境对城市森林保健功能的影响

相对于气候、地形等大环境，城市小环境受到城市内建筑物、道路等人工设施和人类活动的影响，和人类活动的关系更为密切，对城市森林保健功能的影响也更为直接。城市小环境的异质性是干扰城市森林保健功能发挥的关键，必须受到重视。

城市小环境中的空气污染往往较为严重，汽车尾气和工业废气的排放使得城市空气中的固体颗粒和有害气体含量往往较高。城市土壤板结情况严重，地表紧实，透气性差，缺乏自然土壤的良好结构。土壤 pH 值高，微生物少，有机质含量少，而重金属含量高，阻碍了整个系统内正常的物质循环和能源流动。城市中的建筑物大多数呈行列式排列且分布集中，在建筑物背面形成的荫蔽区域与自然林下环境有着很大的区别。城市夜晚的亮化工程违反了植物正常的昼夜生长发育规律，影响到城市森林的健康状况（赵凤义，2011）。

城市森林斑块化严重，缺乏自然生态系统的稳定性，自身抵抗能力下降，病虫害往往较为严重，容易遭受生物入侵。城市小环境中影响因素的多方压力形成的合力影响了树木的自身生理活动，共同限制了城市森林保健功能的发挥（图3-3）。

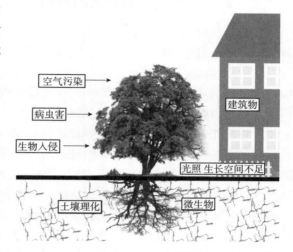

（二）城市小环境对人体感知保健功能的影响

城市中，降水利用率低，植物蒸发量小，使得城市环境的相对湿度和绝对湿度均比自然环境中偏低。在建筑环境中缺少植物的覆盖以及暖气、空调等的使用会出现一些极端温度或是反季节的异常温度。不适宜的温湿度条件所带来的不适感，往往会影响到公众对城市森林保健功能的感知。试想夏季站在窗外空调的热浪中，即

图 3-3　城市小环境对树木生理功能的影响

使存在再优美的风景，人们也不可能感受良好的保健功能。

城市森林中病虫害的蔓延将导致树木的死亡、树冠稀疏、顶梢枯死、生长减慢、提前落叶、繁殖率降低等危害现象的发生（Aukema et al.，2010）。满树的害虫，不但影响了城市森林自身改善环境等保健功能的发挥，还影响到人们直接去感受保健功能的过程，充满病虫害的植株让人感到不适，不能很好地进行锻炼、休闲等保健活动。

（三）对城市小环境的改造

在环境条件较差的地方应进行系统的改造，充分实现其功能最大化。如建筑物的矗立会改变风向，会使得局部的风力过大，不但影响植物的生长，还影响到市民正常的休闲活动。可在迎风口种植树木，形成对风的阻挡作用，改善局部的小环境。

对于城市中炎热干燥的小环境，通过合理的配置增加树木的栽植，形成良好的森林结构，通过较大树木的遮阴，增加空气中的水汽含量，创造适宜公众休闲活动的空间。适宜的环境还可以为城市中鸟类等动物提供生存空间。鸟语花香的环境使人们在进行锻炼、休闲活动时，可以增强对城市森林保健功能的感受。

还要完善政府的监管制度，建立合理的城市森林整体的规划方案，加强管护，防止病虫害的发生，营造生理功能完善，视觉上美观，容易参与的城市环境。根据不同的服务对象，创建具有针对性保健功能的城市小环境，如针对年龄较大的人群，适宜创建远离道路、安静的小环境；针对儿童，可以创造一些亲水环境，增加娱乐设施。

第二节　城市森林结构

结构是功能产生的基础，功能的产生是内部结构的外在表现。因此城市森林的结构是影响城市森林保健功能发挥的最主要因素。城市森林的结构主要包括种类组成、水平和垂直结构、种植密度等。城市森林的结构对各项保健功能均能产生影响。

一、对降低空气污染功能的影响

城市森林对空气污染减少的作用主要由其结构和位置所决定，种类组成、空间结构、树木的年龄及健康程度都对这一功能有强烈影响。

从树木整体来说，枝叶茂密、树冠表面粗糙度大、叶面多绒毛且分泌物多的树木减轻颗粒污染物的功能更强。常绿针叶树因其枝叶浓密、全年都保有树叶的特性，其单株减少污染物的能力强于相同的叶面积的阔叶树。但针叶树的滞尘能力也有区别，枝叶繁茂的白皮松比枝叶相对较稀的油松能滞留较多的粉尘（高金晖等，2007）。枝叶稀疏的植物即便是单片叶上滞尘量较大，但植物整株的滞尘效果并不好。叶片表面的微观结构对空气污染物减少也有很强的影响。叶片具有较大的气孔密度、高表面积/生物量比、叶表面具有沟状组织以及绒毛、鳞片、刚毛等附属结构的树种吸收污染物能力比叶表面光滑、叶片大的树种能力更大。如白蜡和火棘的叶表面较为平滑，叶肉细胞排列整齐，这种叶片不利于颗粒污染物的滞留，而悬铃木、紫荆和紫薇等植物的叶表面上密集纤毛或呈现出明显的脊状皱褶，并且细胞结构密集，凹凸明显，有利于粉尘颗粒物的滞留（李海梅等，2008）。

在选择种类时还需要注意树种对空气污染物的耐受程度。城市是空气污染较为集中的区域，有害气体成分的含量过高会引起敏感植物生长势的衰减，甚至死亡。因此在选择树种时，要偏重有耐受能力的树种。在我国许多北方城市中，常作为城市道路绿篱树种的大叶黄杨即使叶片表面滞留较多颗粒物质，植株仍能生长良好，表明其对污染有较强的忍耐力和适应力（王赞红等，2006）。而一些从结构上来说有较好的空气污染物减少能力的树种其本身耐受空气污染物的能力差，应避免使用。另外一个重要的因素是树木对城市环境的适应能力，应该优先选择能够在城市环境中生长良好的树种，因为其能够更快地形成减少空气污染物的能力并能保持较长的时间。

城市森林的空间结构包括种植密度、垂直结构和水平结构，对减少空气污染物有很强的影响。污染物到达植物表面的过程是一个沉降过程，包括干沉降和湿沉降。干沉降是指在没有降水条件下，由于湍流运动的作用，污染物不断地被下垫面（包括陆地、植被等）吸收，形成持续的向地面迁移的过程（张艳等，2004）。由于湿沉降作用主要受到降雨的影响，而干沉降可在平时持续地发挥清除空气污染物的作用（Matsuda et al，2010），因而干沉降是影响城市森林的空气污染净化作用的主要过程。污染物从城市森林群落的顶部和侧面沉降，所以在垂直和水平结构上，层次较多，叶面积指数大的城市森林群落比层次结构简单的城市森林减少污染物的能力强。从城市森林群落空间结构看，乔、灌、草群落结构的绿地具有相对较好的滞尘作用，是目前较为理想的群落类型（郭伟等，2010）。但在种植密度上并不是树木密度越高越好。如公路两旁的绿化带在密度过高的情况下会阻碍空气的流通，削弱大气本身的稀释作用，导致空气污染物在公路内的富集。这些富集的空气污染物对行人和车辆驾驶人造成更大的危害。因此，需要保持绿化带的一定疏透度。

树木的年龄会影响其对温室气体 CO_2 的吸收，生长旺盛的幼年树和中年树可以吸收并蓄积 CO_2，而老龄树基本上碳收支平衡，失去减少温室气体的能力。对城市森林的整体而言，则要保持良好的龄级结构。龄级结构是城市森林结构重要标志之一，合理的龄级结构是实现城市森林各项功能的基础。合理的年龄结构体现出有活力的城市森林群落更替模式，保证了群落的稳定性。龄级中等的树木可以较好地吸收温室气体，而龄级较小的树木则保证了整个群落的稳定性和延续性。相反，不合理的龄级结构则影响功能的发挥，现代城市森林中人工化趋势严重，植物的栽植多采用同龄树木，这样随着树木的增长，将会造成生长空间的拥挤，造成群落内的种间竞争，影响到树木自身的健康状况。

　　树木的健康状况也会在一定程度上影响其削减颗粒物作用。树木对污染物的吸收是一个生物物理过程，树木在疾病或环境胁迫下会有一些生理上的反应，如在干旱胁迫下关闭气孔、叶斑病导致落叶等，这些反应将削弱树木吸收污染物的能力。另外，城市森林距空气污染源的空间距离也影响其功能大小。一般来说，越靠近污染源，城市森林减少空气污染物的量越大。随着距离的增加，枝叶表面接触到污染物的量逐渐减少，即使是同一株树木也存在近污染源侧污染物量高于远污染源侧的现象。

二、对雨洪控制和水质提高的影响

　　影响城市森林雨洪控制与水质提高的主要结构指标有覆盖率、叶面积指数和枯落物厚度。图3-4展示了城市森林对雨洪控制和水质提高影响的过程。

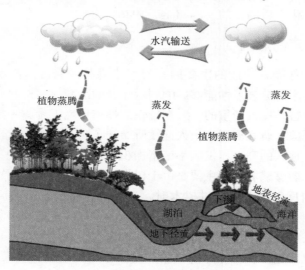

图3-4　森林对地表径流的影响

　　对于一个城市来说，城市森林的覆盖率越高，则其雨洪控制与水质提高的功能越强。在美国俄亥俄州代顿市研究显示，如果将树木覆盖率从22%提高到50%，则其对一个持续6h的降雨所形成的径流减少从7%提高到12%（Sanders，1986）。树木的林冠层是截留降水的第一作用层，林冠对降水的截留量主要包括两部分，即降雨终止时被截留在树体表面的雨水和降雨过程中通过蒸发从树体表面返回大气的降雨量（王艳红等，2008）。覆盖率越高，林冠截留的表面积越大，雨洪控制的功能也就越强。覆盖率较高的城市森林可以有效地阻挡雨水对地面的侵蚀，减小雨滴的溅蚀，防止营养元素的流失，对土壤肥力的提高具有积极的意义。

　　一个城市森林的叶面积指数能够直接影响到冠层截留和蒸腾的量的大小。叶面积指数越大，则减少雨水形成径流的效果越好。较大的叶面积指数增大了雨水与树木的接触面积和时间，在降水时，部分降水被林冠截留并蒸发到大气中，使得降水达到地面的降水量减少。茂密交错的枝叶同时也改变了雨滴降落的方式，降水的动能减弱，缓和了雨势，降低了雨水对地面的冲刷，可以很好地起到控制雨洪的作用。在加利福尼亚州萨克拉门多市的研究显示，位于该市的一个针阔混交林分（叶面积指数=6.1）截留了36%的降雨，而另外一个同样的针阔混交林分（叶面积指数=3.7）的截留量只有18%（Xiao et al，1998）。

　　枯落物的厚度能够影响径流的减少量和污染物的截留量。枯落物对地表径流的作用可以分为直接截留作用和间接阻挡作用。枯落物的直接截留作用主要表现在对降雨的吸收作用；枯落物对降雨的间接阻挡作用，可以很好地阻滞降水到达地面后的水平移动，减缓地面径流的发生，降低雨水溅击地面的冲击力，从而降低水土流失的发生。某些研究发现，枯落物厚度对地表径流的影响要大于林分郁闭度（苗百岭等，2008）。枯落物的存在还可以促进土壤中有机质的保存，增加土壤的孔隙度，营养元素丰富。同时有足够厚度和面积的地表枯落物层的城市森林对污染物的减少作用是同样面积的草坪的数倍之多。良好的枯落物层可以有效地吸附空气中的悬浮颗粒物，过滤、截留雨水中的泥沙以及空气中的有害气体溶解物，达到净化水质的目的（Sanders，1986）。

三、对降低噪声的影响

　　影响城市森林降低噪音功能的主要因素有城市森林的密度、高度、长度和宽度。此外，树叶的大小和树木的分枝习性能够影响到对噪音的削减。

　　噪声对人体的危害是比较严重的，人在较强的噪声环境下暴露一定的时间后，就会出现暂时的听力下降现象。研究表明，当人连续听摩托车8h，听力就会受损；一个地区的噪声每上升一分贝，该地区的高血压发病率就增加3%（张晓霞，2007）。树木起到良好的减低噪声的功能。树木能够减弱噪声主要是由于树木对声波有散射作用，能够将投射到树叶上的噪声向各个方向反射，声波通过树木时，树叶的轻微震动，使声波逐渐减弱直至消失。同时，树叶表面的气孔和粗糙度的绒毛也能在一定程度上把噪声吸收掉。

　　衡量城市森林密度的一个指标是可见度，即能看到声源的程度。可见度越低、树木越浓密、树木的枝叶也就越多，对噪声的吸收和发散作用就越强，对噪声的衰减效果越好。研究表明，可见度和噪声的相对减弱程度呈对数负相关关系。密度较大的城市森林可以形成一个良好的绿色屏障，阻止噪声的扩散和传播。高速公路两旁的防护林带在合理的密度条件下，可以起到良好的减弱噪声的功能。

　　城市森林的宽度是另外一个重要因素。宽度越大，在声音的传播路径上的树木也就越多，对噪声的吸收和分散作用也就越强。有研究认为，只有在城市森林的宽度达到30m以上时才会有明显的减弱效果。同时林带内树木行数对林带的降噪效果有很大的作用，增加列与列之间的距离会造成降噪效果的降低。在不同的排列中，规则排列的防护带的效果弱于随机组合的种植方式，因为会形成一个"行间空白"的效果。城市森林的长度也是噪声衰减的关键因素。当城市森林的长度增加时，声波扰动所形成的衍射现象也就越高，对噪声的减弱效果也就越强。实验显示，为了有较好的降噪效果，城市森林的长度应该在60m

以上。城市森林的高度影响对噪声构成障碍的表面积。高度越大，表面积越大，则吸收和分散噪音的机会也就越大（图3-5）。

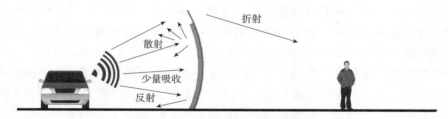

图3-5　树木等障碍对城市噪声传播的影响途径示意图

复层结构的城市森林能够减少可见度、增加阻碍声音传播的表面积，灌木层可以很好地填充乔木层的枝下与株间的空隙，直接影响了声波的水平传播，并且存在地被层减弱地面的反射，所以乔灌草结合的城市森林比单纯的乔木或灌木的降噪效果更好。在我国许多城市中，由于受城市形态、自然条件以及人为管理等因素的影响，城市森林结构不合理，尤其是行道树层次简单，缺乏足够的厚度，不重视灌木层和草本层的良好作用，使得靠近声源的地区极易受到噪声的危害。

四、对改善小气候效应的影响

影响城市森林改善小气候效应的主要因子有覆盖率、郁闭度、空间格局和树木种类。图3-6展示了城市热岛效应的气流循环形式。

图3-6　城市热岛效应

一般认为，增加城市中的森林覆盖率能够增加对城市热岛的减弱效应。根据美国劳伦斯伯克利国家实验室的研究，城市森林覆盖率每增加1%，则环境温度下降0.1℃。覆盖率增加能够增加蒸腾作用，降低环境温度。同时，覆盖率的增加改变了城市下垫面的反射率和热特性，相较混凝土和沥青路面而言，城市森林下垫面能够减少对太阳辐射的吸收，从而减少蓄积的热量。国内也有研究证实绿化覆盖率与热岛强度成负相关，绿化覆盖率越高，则热岛强度越低。当一个区域绿化覆盖率达到30%时，热岛强度开始出现较明显的减弱；绿化覆盖率大于50%，热岛的缓解现象极其明显（李延明等，2004）。

在城市森林中，要注重乔灌等植物在增加城市森林覆盖率中的作用。有研究表明，在一定范围内的乔灌草绿量比下，绿地中乔灌的绿量越大，对温湿度的改善作用越大，降温增湿效果明显（吴菲等，2006）。因此，在城市森林建设中不仅要注重美观，还应考虑到单位面积上的绿量，协调乔灌草在整个城市森林中的比例，重点增加乔灌的绿量，避免出现大面积草坪等现象的出现，否则也将影响城市森林改善小气候效应的功能。

城市森林的郁闭度能影响到太阳辐射能的吸收和林内空气的流动。郁闭度小和郁闭度大的城市森林降低环境温度的作用高于郁闭度中等的城市森林。郁闭度小的城市森林对空气流动的阻挡小，城市森林的降温作用是将通过的热空气的温度降低。郁闭度大的城市森林类似于自然森林，虽然空气流动减缓，但是冠层的郁闭减少了太阳辐射对地面和林下空气的加热作用。郁闭度中等的城市森林既对空气的流动形成了障碍，同时林间的空地便于太阳辐加热地面和林下空气，所以通常拥有郁闭度中等的城市森林的社区的气温比有着郁闭度较小或郁闭度大的城市森林的社区气温要高。有研究证实，当郁闭度为10%～31%时，绿地具有一定的降温增湿效应，但效应不显著；当郁闭度超44%时，绿地降温增湿效应显著；当郁闭度超过67%时，绿地降温增湿效应显著且趋于稳定（朱春阳等，2011）。对合肥市区内的公共绿地进行比较研究也发现，郁闭度为0.5的林地与0.73的林地间缓解温度效应的效果更为显著（刘华等，2009）。在城市森林建设以及日常的管理中，做好修剪和补植，形成具有良好郁闭度群落结构。

城市森林的空间格局、建筑物的距离和城市森林斑块的形状都将影响其缓解热岛效应的效果。遮阴作用需要树荫能够遮盖建筑物，所以需要和建筑物在一定的距离内。此外，城市森林斑块降低环境温度的作用只能保持在一定的范围内，这个降温作用一般局限在城市森林边界外300m以内，超出这个范围则感受不明显。城市森林的斑块形状也影响其缓解作用，大的斑块降温效应更明显，而且和周边环境接触面大的斑块降温效果大于接触面小的斑块。

树木的种类能够影响到树木的遮阴作用。例如在中高纬度地区，为房屋提供遮阴的树种应该选择落叶阔叶树而不是常绿树种。这是因为夏天遮阴可以减少空调的使用，而在冬天遮阴将增加取暖的需求。不同树木在夏季的降温增湿作用也有较大差异。对大连市常见绿化树种蒸腾降温作用的研究表明，榆树、白桦、榆叶梅是大连市主要绿化树种中降温增湿效果较好的（陆贵巧等，2006）。

第三节　城市森林结构和人体感知的交互影响

城市森林的保健功能是对人体健康有益的各种功能，也就是城市森林的各种功能只有被人类所感知，才能实现其保健作用，因此，对城市森林保健功能的影响因素中，必然还包括人的因素。具体主要包括对改善视觉功能的影响、缓解压力和疲劳的影响、调节心理情绪的影响、提供锻炼休闲机会的影响、增加社交和归属感的影响。

一、对人体改善视觉功能的影响

城市森林的视觉改善功能主要受到城市森林的结构、空间分布以及树种使用的影响。绿色植物在美化人们的生活环境的同时，对减轻视觉疲劳、调节身心健康也起到了极其重要的作用。一般而言，分布更均匀、种类组成多样化的城市森林能带来更大的视觉改善功能，而城市建筑密度大的区域通常绿色视觉较低，但如果进行绿化能够产生对更多人的影响。城市森林能够被用来引导人的视觉、分隔空间、提供背景和遮蔽城市中有碍观感的地方。

在城市中，植物的自然形体和色彩往往成为城市景观的主体。植物在四季的生长过程中会呈现出不同的色彩，带给人们不同的视觉感受。春天树木嫩芽的翠绿给人一种清新、活力的视觉冲击；炎热夏季中，树木浓郁的绿色给人带来清凉的视觉感受；秋季树木会呈现出不同的暖色调给人温暖的感受（图3-7）。现代社会中，人的视觉在长时间感觉建筑灰度色彩后，会感觉疲劳甚至感到厌恶，就会渴望看到自然色彩，以消除视觉疲劳，达到视觉平衡与心理平衡（艾友明，2005）。在城市森林中应用这些观赏价值和季相特点鲜明的树木，可以带给人强烈的视觉冲击，增强季节感，给人以时令的启示。同时，应用不同色调树种的搭配，发挥植物的个性色彩，丰富城市街景景观，也方便人们对街道方向的辨识和记忆（顾小玲，2005）。

图3-7　城市森林空间对改善视觉功能的影响

对于城市森林视觉作用的认识还会随城市居民的文化和教育背景、年龄、性别等而变化，但是也存在一些共同点，如大多数人认为管理良好的稀树草坪比浓密的没有管理的树丛更具吸引力；高大的树木比小树更具吸引力等。这些认识也可能受到潮流和文化的影响而随时间变化。

对城市森林视觉效果的调控可以通过测量和改变其"绿视率"或"绿视域"来进行（Yang et al.，2009）。绿视率的应用实际上是把过去强调的绿化覆盖率等平面指标，提升到了立体的视觉效果上来。这种方法是对在城市中各个地点能够看到的绿色植被占时域的比例来衡量城市绿色植被分布的合理性，并可通过在关键地点种植体量较大的树种来增加城市居民能够看到绿色树木的机会。通过增加单位面积上城市树木的密度也能够提高看到绿色的机会，但效果不如前者直接。在城市森林视觉调控中引入绿视率，可以让人们的眼睛看到更加立体、丰富的绿色效果。据统计，不同面积的绿化以及不同质量的绿化会使人们产生不同的心理感受，绿视率的高低会对人的心理和生理产生积极或消极的影响。世界上几个有名的长寿区，其绿视率均达15%以上；而绿视率在5%以下的地区患呼吸系统疾病的死亡率比绿视率在25%以上的地区，患呼吸系统疾病的死亡率降低一半以上（吴立蕾等，2009）。

二、对人体缓解压力和疲劳的影响

城市森林的缓解人体压力和疲劳的功能主要受到城市森林的面积、树体形态以及人群的影响。

社会经济的高速发展，生活节奏的日益加快，生活在城市中的人们经常会受到来自各方的压力，近年来医学界有人提出引起成人病的主要原因是压迫感。压力会导致情绪紧张，进而出现人体的病态。所以人们关注自身健康，首先要学会自我释放压力，而城市森林为人们提供了良好的休闲环境（刘雁琪等，2004）。

城市森林具有释放压力、缓解疲劳等功能已得到社会的普遍接受。有研究表明，与城市环境相比，森林环境有利于降低皮质醇浓度、心跳速度、血压、提高副交感神经活动，降低交感神经活动，也就是说人体处于更放松的状态（李卿等，2013）。人们到森林环境中去陶冶身心、强身健体的同时，也使得心情更为平静，缓解生活中的各种压力，消除工作中的疲劳。同时城市森林中，某些可以分泌芳香气味的树木对缓解压力的作用也是十分明显的。有相关研究指出，刺槐花香气成分可以由嗅觉器官直接感受或通过嗅觉器官进入人体内而引起生理、心理效应，对处于紧张生活状态的人们具有缓解压力、调节情绪的作用（曲宁等，2010）。

研究发现，大面积的城市森林的缓解压力和疲劳的效果好于小面积的城市森林，这是因为大面积的城市森林能够更长久地维持缓解的效果。当人们遇到人生大事时，如死亡或离婚，他们需要时间去适应。这样一个适应过程需要深层次的恢复。这个恢复过程更容易在大面积的自然环境中获得，因为在这个环境中人们能够容易找到一种抛离一切，回归自然的感觉。

城市森林中不同的树体形态可以给人们不同的精神感受，可以释放心理的压力。树木作为自然环境的主体，是自然美的基本构成。树木的发芽、开花、生长、凋落等生理过程呈现出不同的姿态，摇曳柔美的枝叶、娇嫩艳丽的花蕾与生硬的城市建筑形成鲜明的对比（王秀珍等，2004）。针叶树的针叶结构比较紧密，体积感较强，而常绿阔叶树一般树冠大枝叶密集，树的枝干比较坚硬，枝叶结构紧凑。不同的树体形态给人们的感觉也是不同的，在进行城市森林建设时，应根据服务对象的不同，正确配置不同形态的树种，营造出适宜的人居环境。在丰富城市居民生活的同时，提供有利于人们身体健康的活动空间，享受自然的美景，让紧张的工作压力和疲劳得以缓解。

城市森林的效果对于一些活动范围受到限制的人群，如儿童、老年人或低收入人群的作用尤其显著。儿童的认知能力在自然环境中能够得到提高。研究发现将儿童从缺乏树木的环境转移到有树木围绕的环境中后集中注意力的能力得到提升。同时注意力缺失症得到缓解。另外的研究显示，患有注意力缺失症的儿童在自然环境中散步 15min 产生的效果和常用来治疗该类疾病的药物产生的效果近似。

三、对人体调节心理情绪的影响

城市森林的调节心理情绪的功能主要与城市森林所处的环境及其面积、空间结构和观赏性等有关（图3-8）。

图 3-8　城市森林对调节心理情绪的影响

城市森林中安静的环境、优美的景色对人心理具有良好的调节功能。研究人员在调查了苏格兰近 2000 名经常锻炼者的情况，结果发现那些在森林和公园等环境中锻炼的人，出现抑郁等不良精神状态的风险比常人约低一半（刘素芬，2012）。通过对使用城郊森林的游客的心理健康进行的调查显示：城郊森林的使用对游客的心理健康产生了显著的影响。游客使用城郊森林后情绪指数总体平均值降低 42.95，心境状态显著好转，情绪更加稳定，心理健康状况得到改善。并且城郊森林的使用频率是影响游客心理健康的重要因素，使用频率越高，心理健康状况越好。要使城郊森林对心理健康起到作用，游客使用城郊森林的频率最好在 1~2 次/周以上（李春媛，2009）。

城市森林景观的观赏性对人们调节心理的作用也具有一定的影响。有一项针对 120 名大学生和研究生对景观感受的研究表明，当受试者处于高观赏性的景观中，其正性情绪的评分均高于处于低观赏性景观中，彼此差异达到极显著或非常显著的水平，而负性感受则是后者极显著地高于前者（张卫东等，2008）。

树木的绿色对人心理和生理方面的影响也一直受到人们的重视。心理学家认为绿色是最平静的颜色，有研究表明，人在绿色环境中的脉搏比在闹市中每分钟减少 4~8 次，有的甚至减少 14~18 次（王秀珍等，2004）。

城市森林面积的大小是影响其心理调节作用的主要因素。英国的一项对 1 万名参加人的调查显示，居住在有更多的绿地的城市区域的人群通常有较低的精神沮丧问题和更好的健康状况，虽然这个效果在个人层次上较微弱，但是在整个社区的层面上的总体效果显示了通过增加绿地来提高人体健康的重要性（White et al，2013）。而在苏格兰的一项调查显示，更多的绿地带来情绪上的舒缓，这可能和绿地降低居民对压力的感知和降低体内的可替松激素水平所引起。

同时城市森林的结构会影响人们对城市森林的感觉，通常使用者，尤其是妇女会避免到光线较暗，有很浓密的灌木层或是树木密度高的地区。所以比较开阔的城市森林，较少的林下灌木往往给人一种管理良好的感觉，能够提高人的安全感。

因此，城市森林在建设时，应创造安全舒适、空间结构合理、风景优美的森林环境，才能最大限度地发挥其调节心理情绪的功能效益。

四、对人体提供锻炼休闲机会的影响

城市森林提供锻炼休闲的健康功能的大小和覆盖率的大小、空间位置和城市森林的结构密切相关。

一项研究显示，最绿的社区有最低的精神疾病的危险，（$R=0.81$），在所有的绿地覆盖率超过15%的社区，心血管的疾病发生率降低（$R=0.80$）。总体来说，覆盖率越高，居民参加体力活动的程度也越高。锻炼休闲机会的增多，降低疾病的发病率。

城市森林的空间位置的影响非常重要，需要确保在城市居民区步行可达的距离内有城市森林的存在。一项对加利福尼亚儿童从9~18岁的跟踪研究显示，发现在这些儿童住所周围500m内有公园的儿童得肥胖病的几率大大减少。上述研究显示的是城市森林的可达性概念：即某一景观的可达性是指从空间中任意一点到该景观的相对难易程度，其相关指标有距离、时间、费用等等。它实际上反映了景观对某种水平运动过程的景观阻力（俞孔坚等，1999）。可达性要求城市森林的必须具备良好的空间位置，方便人们参与其中，提供更多容易获得的锻炼休闲机会。

对城市森林结构和居民参加锻炼之间的关系的研究，普遍显示居民更喜欢中等树木密度的公园，年龄在40岁左右的人员比年轻或年老的人群更喜欢中到密的树木密度中锻炼。与上述结果相关的是，某些学者提出了森林静养区的概念。森林静养区是一种较为新型的应用形式，它主要是针对大都市中日益加剧的生活压力而希望能为人们提供一个缓解释放压力的森林环境空间。通过对城市森林环境进行必要的景观建设、植物组合、空间改造等措施，创造出对人们精神、身体等方面有益的森林空间（刘雁琪等，2004）。

而对于一般的城市森林休闲空间，应当具有一定的疏透度，保证人们在其中活动时，具有开阔的视野，否则会使人产生压抑感。除此之外，过低的树冠还不利于人群活动区域的空气流通和扩散，加剧了人口密集区的空气污染。适当建设小面积的草坪等开敞空间，为人们提供嬉戏活动的空间，引导人们进行休闲活动（图3-9）。

图3-9 城市森林提供锻炼的场所

在利用城市森林提供的锻炼休闲机会时，必须要平衡自然保护和锻炼休闲的需求。通过参与森林中的锻炼休闲活动能够增强城市居民保护生态环境的意识，但是锻炼休闲活动往往会给城市森林带来各种干扰，影响其生态完整性。同时，在不正确的城市森林经营理念的引导下，为迎合人们消费需求，经营者也会改变某些城市森林原有的外部形态、内部结构。这些过程都将会不自觉地产生许多不利于城市森林健康的因子。人们在从事森林旅游等经济活动的同时，也增加了有害生物传播与扩散的风险，增加了生物入侵的机率。因此需要合理的规划游憩活动，避免人群进入生态脆弱地区，提高锻炼休闲活动的可持续性。

五、对人体增加社交和归属感的影响

城市森林的增加社交和归属感的功能首先受到城市森林数量的影响。具有更高绿化率的社区居民往往比较低绿化率的社区更感到快乐，对生活的满意程度更高。城市森林增加社交和归属感的功能还受到公共活动空间大小的影响。城市公共空间是城市环境的精华所在，其实质是以人为主体的，促进社会生活事件发生的社会活动场所，是城市社会、经济、历史和文化诸种信息的物质载体。这里积淀着世世代代的物质财富和精神财富，它们不时地传达着所蕴含的高价值信息，它们的形象和实质直接影响市民大众的心理和行为（郭恩章，1998）。在城市森林中的公共活动空间中，人们需要的不仅仅是视觉上的享受，而且更希望能够融入其中，尽情地享受户外活动的乐趣。更具美感、亲近感，更多更丰富的城市森林公共空间，就能产生强大的"聚合效应"，增加人们的社交活动以及对于社区的归属感（梁伊任，2004）。

能否在城市森林中进行活动也影响到功能的大小，能够提供一个大家参与集体活动的城市森林的改善功能更强烈。部分研究总结了绿地和自然环境对人体健康的影响，并把它们分为了三个层次：欣赏自然环境，去附近的绿地和自然环境中，以及积极地参与和融入到自然中，比如说种植花草和农作物等。在英国的一项研究中曾将患有抑郁症的患者、老年人和残疾人置于一个城市森林内，参加各项体力活动。大部分人都报告了情绪上的好转，因为他们感觉到通过自己的劳动对社会有积极的贡献（Carpenter，2013）。

此外，城市森林的树种构成也对提高社区凝聚力和塑造归属感有很强的作用。比如说，在中国很多地方的树木都是乡土的象征，如黄山的迎客松、山西洪洞县的大槐树以及东北的红松林等等。其他国家的民族文化中树木也有类似的象征意义，如美国南方的橡树就有和中国的梓树相同的寓意。这些树种的使用能建立起居民和社区之间的精神纽带，增强他们的归属感。因此要从独具特色的地方文化中寻找灵感，并且将这些地方文化的精髓加以提炼和升华，以一种新的形式诠释其内涵，进而形成具有区域特征的标志性景物（梁伊任，2004）。

第四节　社会经济因素

"四周筑墙谓之城，有买有卖谓之市"。城市的产生是社会经济发展到一定历史阶段的必然产物。物资在城市集中和流通，进行着市场要素的交换分配，在人类的支配下形成了频繁而复杂的社会活动（郭理桥，2010）。城市森林作为城市中具有生命的基础设施，是城市生态系统的重要组成部分，作为一个社会与自然相互结合的特殊生态系统，其功能必然受到社会经济因素的影响。影响城市森林保健功能的社会经济因素主要包括政策法规、经济水平和社会文化等。

一、政策法规的影响

城市森林保健功能的形成是一个长期的过程，也需要有长期稳定的政策法规来保证其

功能的稳定发挥。城市森林政策是在根据城市林业计划利用和保护森林与树木的过程中，为了调节各方利益冲突而展开的社会谈判（李智勇等，2009）。稳定的政策法规是保健功能发挥的关键。在完善的政策法规体系下，加强监管，禁止破坏城市森林事件的发生，才能切实保护现存的树木资源，保证城市森林合理的结构确保城市森林保健功能最大化。例如在延安宝塔山、凤凰山和清凉山等地的风景林，其绿化状况一直受到各级党政机关和民众的关注，从延安革命时期到现在基本未曾间断，管理和改良也较为严格细致，形成了如今功能完善的风景林（康博文等，2006），可以较好地为公众提供城市森林改善环境、调节人体生理和心理状况等保健功能。

在城市森林建设中，许多环节会因为政策的改变而半途而废，这样形成的城市森林往往功能性较差。不合理的政策法规或是政策法规的不健全则会对城市森林的保健功能产生负面影响。例如城市森林主管部门不行使行政处罚权，使其监管效力在实际工作中得到削弱。另外，在我国现阶段，许多城市森林建设中，存在着某些领导者由于自己的个人喜好，而选择某一绿化形式或者某一树种，不能形成良好的城市森林结构，影响到城市森林保健功能的发挥。同时，某些政策的制定程序不够完善，缺少必要的环节，没有建立科学的决策程序。对一些先进城市的发展经验盲从，不考虑本地实际，片面地追求景观效果，树木的生长状态差，病虫害严重。这样所形成的城市森林不但不能保证城市森林净化环境的保健功能，其景观功能也会受到影响（徐涛，2003）。

为保证城市森林保健功能的发挥，还需要有一个长期的，着眼于整个城市环境的规划，并且这种规划应当成为城市整体规划体系的一部分（胡丽萍，2002）。本身城市森林的建设就需要一个整体化、系统化的框架，应该根据城市发展的功能定位和城市的总体规划，整合现有资源，优化利用。城市森林规划的范围不仅包括城市内部的绿地，还包括城市外围的森林环境，着力保护城市内的湿地系统，由此形成一个整体的绿色网络体系（康博文等，2006）。

经过整体规划的城市森林，可以形成一个内部稳定的生态系统，发挥其各项保健功能。但是，如果缺乏合理的规划布局，则影响保健功能的发挥。进行统一的规划布局，还有一个很重要的作用就是划分出城市的土地利用类型，合理调配城市森林在城市不同功能区中的分布范围。过去，我国城市环境中进行绿化建设时，大多在工业、商业和行政等功能分区用地规划布局完成之后，再考虑绿地的规划建设。由于绿地空间的分布零碎，难以形成系统的城市森林生态体系，体现不出良好的保健功能（王蕾等，2006）。

在规划设计时，还应对树木的发展有一定的预见性，掌握树木未来生长的空间。充分认识植物的生长速度，以较小的尺度把握树木的生长与周边建筑设施的关系，按成年树木树冠的大小来确定栽植密度，以免产生空间的竞争（柴思宇等，2011）。城市中生长较差的树木很多时候是因为空间拥挤造成的，缺乏长远规划的超负荷栽种会使树木与生境之间的关系紧张，从而影响到保健功能的发挥（马灵芳等，2000）。

二、经济水平的影响

城市森林主要集中于城市之中，受到城市经济活动的影响，符合城市地价的一般规律，要明显高于其他林业类用地。地价这一基本经济因素限制了城市森林建设用地的空间分布，致使城市中心区发展绿地极为困难。而且在经济利益的驱动下，中心区绿地也不断被其他用地蚕食取代（刘滨谊等，2000）。因此，经济水平也是影响城市森林保健功能的发挥的关键因素。

《史记·管晏列传》中记载："仓廪实而知礼节，衣食足而知荣辱。"改革开放以来，人们的社会物质生活状况得到了极大改善，物质和精神消费水平不断提高。人们拥有更多可支配收入，则有精力更多地关注自身的健康，更加注重享受城市森林的保健功能，这样就增加了对城市森林保健功能的需求。随着社会需求的增多，当现有的城市森林保健功能不足时，会推动城市森林的建设和保健功能的增强。目前，应用于城市森林保健功能建设的资金主要来源于政府投资，但政府资金的投入往往难以满足城市森林管护的需求，许多正常的运转费用难以支付。城市森林建设面临着筹资方式单一，资金数量偏低等诸多问题，这些将严重制约城市森林的发展及其保健功能的维持和发挥。

在促进城市森林保健功能发挥时，要充分发挥市场机制的作用，通过市场运作把某些政府行为转化为市场行为，克服和解决资金短缺的难题，调动全体社会的经济资本，加大对城市森林保健功能产出的投入。

三、社会文化的影响

社会文化对城市森林保健功能所起的作用是不容忽视的。尤其在某一特定时间、特定地区或特定条件下，社会文化所起的影响和作用甚至会超过经济因素（谢煜林，2005）。

社会文化作为一种观念形态的东西，一旦形成便会渗透到人们生活的各个方面，支配着人们的思想和行为，深刻地影响人们的行为方式。文化可以成为社会公众的共享观念，并对公众施加影响，增强认同感和社会凝聚力。社会文化的凝聚力表现在促进社会公众的共享观念的形成和延续。共享观念塑造了社会群体的记忆和彼此间的认同感（张涛甫，2006）。社会文化作为一种无形的力量，它所倡导的积极的文化价值观念在潜移默化中影响社会成员的思想观念（万林艳，2006）。

城市森林建设一直与悠久的中国人文历史存在着密切联系，优秀的植物文化沉淀了源远流长的中国文化，并使之不断得以延续与传播。植物有着丰富的文化内涵，在我国古典园林中体现得尤为明显，艺术家和诗人借助植物来抒发自己的内心情感。中国古代文化作品对自然景物的描写很多都是因景生情，因情写景，情景交融，反映了环境对人的影响，人们从各种自然景观中领悟到了人生的真谛（彭镇华等，2004）。我国最早的诗集《诗经》中，对植物就有"桃之夭夭，灼灼其华""投我以桃，报之以李"的描述，反映了诗人借植物的文化性抒发个人情感。中国古典园林的植物构建常常当一幅画来构织，一树一木一石一草就可构成一景，简洁而寓意深刻。"迎客松""姐妹树""玉堂春富贵"等人文自然景观承载着深厚的文化底蕴（张石生，1999）。

因此，植物总是可以记载一个城市的历史，见证一个城市的发展历程，向世人传播它的文化，也可以像建筑物、雕塑那样成为城市文明的标志。同时，利用市花市树的象征意义与其他植物或小品、构筑物相得益彰地配置，可以赋予浓郁的文化气息，不仅能起到积极的教育作用，也可满足市民的精神文化需求，起到良好的调节人的生理、心理状况和促进社会属性健康的保健功能（黎伯钢等，2008）。相反，没有文化底蕴支撑的城市景观往往单薄是没有生命力的，很难令观赏者触景生情，难以产生社会的归属感。

　　社会文化影响的另一方面还体现在努力提高公众的环境意识，减少资源的破坏，主动维护城市森林环境，可以有力地推动公众参与城市保健的活动中。文化为公众投身城市森林的建设和关注城市森林保健功能提供思想支持，鼓励社会公众热情，促进城市森林保健功能更好的发挥。从某种意义上说，这也将成为影响城市森林保健功能的关键因素。

第四章 城市森林保健功能的监测与评价

研究和发展城市森林的各种保健功能的监测方法与评价标准，可为以增强森林保健功能为目标的城市森林建设提供科学依据，对于指导居民的游憩与休闲也有着极其重要的意义。

第一节 城市森林保健功能的监测方法

一、城市森林保健功能的监测指标

目前国内外城市森林保健功能的监测指标主要有两类：一类是监测城市森林具有保健作用的生态功能，如城市森林对空气洁净度（污染物、负离子、氧气）、紫外线辐射、人体气候舒适度、噪声等的影响；另一类是监测城市森林对人体生理因子的影响，使用诸如血氧饱和度、唾液皮质醇水平、心率变化（交感及副交感神经活动）、血压、脉搏、抗癌细胞等生理指标。

二、城市森林保健功能的监测方法与仪器

（一）城市森林环境因子的监测方法与仪器

1. 监测类型

主要的监测类型有定点定时监测和实时在线监测两类。定点定时监测通常在不同季节选择典型天气进行全天或定时观测。为排除气象因素干扰和保证多年测定气象条件较一致，一般选择晴朗、无风或微风天气。仪器一般放置在林中距离地面高度 1.2~1.5m 处，每个观测点做多次重复测定。

实时在线监测主要是通过无线传感网络技术对城市森林各项生态保健功能指标进行实时监测，在监测过程中仪器均采用 24h 连续测量，采样间隔时间可自行设置，一般在 10~60min，可以实现实时、自动化监测和远程数据发布。实时在线监测可根据需要选择不同指标的传感器，进行多因子实时、持续监测。

2. 主要指标的监测方法

测量空气负离子时，尽量选择在气象条件稳定的晴朗天气进行，在同一测点测量 4 个方向（东、南、西、北）的正、负离子浓度，以消除风向对测量结果的影响。通常开机后要等待仪器显示的数值稳定后开始读取数值，取 4 个方向的平均值作为此观测点的正、负离子值。由于空气负离子浓度受诸多因素的影响，故在测定时尽量减少一些研究范围以外的因素的影响。如测量时，测量人员应离仪器一个手臂左右的距离，测量高度距地面

1.5m 处（大约为人站立时的呼吸高度）的空气正、负离子浓度（王恩等，2009）。目前可用于空气负离子浓度测量的仪器根据测定原理主要可分为平行电极板法和电容器法两种类型。平行电极板法的优点是价格便宜，且既可测量正离子，又可测量负离子，可基本判断正、负离子的浓度高低，但是不好解决静电和外界气流的影响，测定值容易漂移。常见的品牌有美国的 AIC 系列负离子检测仪和日本的 KEC 系列空气离子测定仪等。电容器法的检测原理相对比较先进，能很好地解决气流和静电的影响，清零也比较方便，但是在市面销售价格相对昂贵，日本的 COM 系列负离子检测仪和中国的威德系列负离子检测仪是采用的这种检测方式。

空气悬浮颗粒物的采样环境、采样高度及采样频率的要求可参照环境空气质量自动检测技术规范 HJ/T193 或 HJ/T194 的要求执行。常用的检测仪器如 DustTrak 粉尘测定仪、TEOM 环境颗粒物监测仪、APS 空气动力学粒径谱仪等，各种常用的仪器的测量原理及测量粒径范围如表4-1。测量前首先要进行仪器的校正。一般是使用广泛采用的大流量采样器采集的数据来对仪器进行标定。具体做法为：相同地点相同时间进行采样和监测实验，将监测仪的数据与传统的大流量采样方法获得的颗粒物浓度数据进行比较，取二者的平均小时浓度比值，得到监测仪的校正系数。

表 4-1　颗粒物检测仪的测量原理及测量范围

仪　器	生产公司	测量粒径范围	优　点
DustTrak 粉尘测定仪	美国 TSI 公司	0 ~ 10μm	省去了传统采样仪的利用滤膜采样、分析样品、称重计算的繁琐过程，可以利用仪器精密性，直接在显示盘上直接读取浓度数据
TEOM 环境颗粒物监测仪	美国安普科技中心	0 ~ 10μm	在有挥发性颗粒物质存在的环境中能提供短期和长期颗粒物数据。传统的颗粒物监测无法测量被采集在滤膜上又快速挥发的物质。它不同于光散射法的颗粒物监测仪器，因此它没有其他方法所带来的不确定性
APS 空气动力学粒径谱仪	美国 TSI 公司	空气动力直径：0.5 ~ 20μm；光散射直径：0.37 ~ 20μm	不但可以测量空气动力学粒径，还可以测量光散射粒径。由于基于飞行时间的空气动力学粒径计数仅仅与粒子形状相关，从而避免了折射系数和光散射的干扰，因此仪器对粒径的测量性能优于同类的光学散射仪器

空气微生物的采样方法有两种：一种是自然沉降法，另外一种是离心式空气微生物采样法。早期的相关研究主要采用的是自然沉降法，其优点在于操作简单，但由于它是根据采集平皿的面积和时间来对单位体积空气的微生物菌落数进行换算，这种由面积向体积的转换会带来一定的误差。近年来逐渐开始采用各种空气微生物检测仪（如 JWL-Ⅱ型撞击式空气微生物检测仪、FA-1 型撞击式空气微生物采样器等）进行采样，由流量控制采样速率，而且对不同的采集物均有专门的档位控制，可以通过调节档位对多种菌物进行同时采集，方便菌落计数，简化了操作程序，提高了观测数据的准确性和分析质量（范亚民，2003）。

生物有机活性挥发物的监测方法有两种：一是顶空抽气法。使用封闭式动态顶空套袋吸附法采集植物体释放出的植物挥发物成分。二是采用大气采样仪通过开放式气体采集法对挥发性有机化合物进行采样。由于是气体采集，对天气有严格要求，必须选取晴朗无风的一天进行实验，并且该日的前两天也是无风或微风，使环境因子对挥发物的影响降至最低。而在分析方法方面，大部分研究采用热脱附气相色谱质谱联用法（TCT-GC/MS）对植物挥发物气体成分进行分析，然后运用面积归一化法计算各成分的相对含量，这种分析方法在目前来说得到普遍的认可（郭二果，2008）。

温湿度、风向和气压等城市森林小气候因子的测定方法是，在测定之前仪器需按技术过程进行检定校验。观测方法为常规观测法，观测值均为近地面处数值，即距离地面1.5m处，待仪器稳定后读取数据。常用的是 Hobo 便携式自动气象站、03002-L 风速风向仪、HMP155 温湿度探头等。

氧气和二氧化碳测定一般选择晴朗、无风或微风天气。仪器安置在距地面 $1.3 \sim 1.5m$（人体适宜高度）处，在仪器待稳定后进行读数，用一定时间的平均值来代表监测样地的氧气或二氧化碳浓度。常用的仪器有 $PTM400-O_2$ 便携式氧气分析仪、DSC-102 氧气传感器、便携式红外线 CO_2 测定仪（如美国 Li-820、德国 Testo-535 等）、GMM222 二氧化碳传感器等。

噪声的测量按照环境噪声测量方法（GB/T 3222—1994）进行，测量前使用声级校准器进行校准，要求测量前后校准偏差不大于 2dB（A）。测量时声级计距地面高度均为1.5m，一般传声器要加风罩。测量仪器常见的如 TES-1357 声级计、HS5618 型脉冲式精密声级计、Center329 型声级计、BR-ZS1 瞭望噪声传感器等。

紫外线辐射观测方法采用中国气象局规定的地面观测规范，为减少测量误差，在实测中均选择晴朗少云的天气，将紫外线辐射计放置在四周没有任何遮挡的空旷地面作为对照。常用紫外线辐射计为 AV-MV3 紫外辐射传感器、宽波段 TMVR 等。

（二）人体生理的监测方法与仪器

对生理指标的测定采用在医学科研与教学中普遍应用的技术，具体可参考李卿（2010）的监测方法。以下是两个测定的案例，分别测定了抗癌细胞和肾上腺素和唾液皮质醇、心率变化、血压和脉搏等生理因子。

在测定抗癌细胞和肾上腺素时为了排除其他因素的干扰，选择身体健康，最近一段时间没有喝酒、没有去过森林的受试者数人，且规定在监测期间不服用任何药物。然后让受试者在森林中游憩 2~3d，走的距离约为 2.5km（约 2h），接近受试者日常工作的身体活动量，之后采取血液和尿液样本（在第二天和第三天取样），监测之前正常工作日的样本作为对照，一般在早餐（8:00 左右）以前取样。通过医学的手段检测血液中的白细胞数量、免疫细胞活性、免疫细胞的数量、淋巴细胞、粒溶素、颗粒酶、穿孔蛋白、肾上腺素等。

测定唾液皮质醇、心率变化、血压和脉搏时同样选择身体健康的受试者数人，分成两组测试两天，第一天一组去森林，一组去城市，第二天两组进行互换。每天 8:00、13:00、16:00 对受试者右上臂进行血压测定。将两片脱脂棉放入口中保持 2min，并使用试管收集，然后用胶带将试管密封并立即存储、冷藏，之后对唾液皮质醇进行测定。心率的变异性通过便携式心电图仪连续测定心跳的间隔时间、平均心率、最小心率、最大心率。高频率被认为反映副交感神经活性，高频率/低频率和低频率/（高频率+低频率）的比值反映交感神经活性。

国内外对城市森林保健功能的研究主要集中在建立森林的生态功能与人体健康之间的关系，以往的监测方法是选择几个时间段对城市森林保健功能中的一项或几项指标进行短期监测。这种监测方法对于整体把握城市森林保健功能在空间和时间尺度上的变化存在严重不足，在评价城市森林保健功能的优劣时缺乏可供参考的数据和标准，在通过城市森林的合理配置来增强其保健功能措施上缺乏科学依据。而最近兴起的实时监测系统通过无线传感网络技术对城市森林各项生态保健功能指标进行实时持续监测。该技术实现了由单项保健功能研究向多指标综合研究、由短期研究向持续研究的转变，与传统研究中选择几个时间段进行短期监测相比，保证了数据的精确性和可靠性，有利于人们客观的认识城市森林对环境的改善作用和对人体健康的保健作用。

第二节   城市森林保健功能的评价指标体系

城市森林保健功能的评价指标体系的提出可为城市森林保健功能的监测与评价提供科学的依据，为城市森林的建设提供理论和技术指导。

一、评价指标体系构建的指导思想

城市森林保健功能评价与监测体系的构建需要体现出城市森林主要保健功能的特点，全面、客观、准确、科学地反映出城市森林保健功能对人体的康体保健效应。指标的选择尽量涵盖较为全面的子系统，保证结果的科学、系统和实用。不但要为决策部门提供决策依据，还需要为实际操作提供指导。

二、评价指标体系构建的基本原则

（一）科学性原则

指标的概念必须明确且具有一定的科学内涵，权重系数以及数据的选取、计算与合成要以科学思想为指导，以事实为依据（谢家祜，1995）。各具体评价指标的内涵和外延明确；层次结构尽量简洁明了，易于理解；具体子评价指标的设计和构造合理、规范，有科学、充分的理论根据；评价方法的选择正确适宜，评价结果的精确度和准确性得到保证；评价过程应简便，可操作性强，避免评价工作复杂化和计算过分繁琐的情况发生。

（二）系统性原则

也称为整体性原则。城市森林保健功能是一个包含多重功能的整体概念，对城市森林保健功能的综合评价不仅要仔细考虑单项因素或单项指标，更要依据系统设计、系统评价的原则，充分考虑城市森林保健功能各种因素的整体性和相关性。在具体设计城市森林保健功能评价指数的过程中，应对指数中各指标间的独立性和综合指数的完整性充分兼顾，使评价对象系统的各个要素得到较为全面地反映。尤其是要明确综合指数中涉及的各指标间存在的相互关联，真正做到系统考虑评价因素、系统设计评级指标、系统判断评价过程、系统分析评价结果，从而使评价指标能充分体现城市森林保健功能的一体性和协调性。

（三）独立性原则

完整的评价指数往往包含了大量的具体指标，各具体度量指标之间或多或少存在信息上的重叠，所以在构建城市森林保健功能评价指数时要尽量选择那些具有相对独立性的指标，按照系统论的观点全面考虑各个具体评价指标，确保各指标不能由其他指标代替，也不能由其他同级指标换算得到，应尽量避免各指标间的重叠，在诸多交叉信息中通过科学的剔除，选择具有代表性和独立性的指标参与评价过程，减少不必要的指标或冗余信息，以提高评价的科学性和准确性（赵红艳，2006）。

（四）实用性原则

构建城市森林保健功能评价指数是为了把复杂的城市森林生态系统的保健效应变得可以计量、比较，为城市森林各项具体保健功能的量化与评价提供科学依据（王顺，2004）。指标群若是层次复杂、数量过于庞大，无疑会增加城市森林保健功能精确计量的难度，并对评价结果的可靠性造成一定程度的影响。精简指标个数，提高体系中指标的使用价值和可操作性。指标易于得到、容易计算、代表性强可以更容易被采纳（赵文晋等，2003），建立起来的指标体系应该是开放的，可以根据需要在实践中对其进行合理删减、更新、综合、细化等处理，生成一些需要的派生指标（赵红艳，2006）。

（五）可比性原则

指数设置时要使其在一定时间跨度内，保持涵义、范围、计算方法等方面的相对稳定，以便于资料积累，使评价结果的可比性得到确切保证，从而有利于对评价对象的长期趋势和变化规律进行系统的研究。指标的可比性方面，具体要求评价指标必须具有一致或统一口径，具体可以经过无量纲化处理、归一化处理等，以获取较强的可参照性和可比性。城市森林保健功能评价指数中选取的指标必须能反映不同区域、不同城市森林类型的共同属性，要从其各自的特殊性中抽象出能反映其共同特征的指标，做到质的一致，而质的一致是可比的前提与基础；此外，指标的可比性还体现在指标的量化处理方面，因为质的差别是通过具体量的差异来进行反映和确定的，因此一定要对末级指标进行量化处理。评价结果在时间与空间上都要具有可比性。通过时间上的对比，反映城市森林的演变过程；通过空间上对比，反映各个区域之间的优势和缺陷。

三、评价指标体系的构建方法

建立指标体系常用的方法主要有专家主观评定和比较判定法、数理统计分析法以及两种方法综合的评价方法。第一种方法主要依据专业的经验来判定，适用于资料有限的情况。当被评价对象具有定量评价指标时适用第二种方法（邵立周等，2008）。本书中指标系统的建立在参考了国内外与森林保健功能相关的资料及文献研究基础上选取其中使用频度高、应用广泛、获得一致认可的指标组成。并通过实地调查，对现有状况进行分析、比较、综合，咨询相关专家对指标进行调整，最终得到城市森林保健功能评价指标体系。对筛选出来的指标在效益评价时根据贡献大小用权重来表达。

四、评价指标体系的构建

城市森林保健功能评价指标体系可以采用多级指数的方式构建。如表 4-2 中所列的评价体系就包括两级指数，其中第一级指数（综合指数）为城市森林保健功能的综合指数。第二级指数包括：人体气候舒适度指数、空气成分指数、噪声指数、紫外线指数、空气负离子浓度指数、空气质量、空气微生物等指数类型。针对各个子指数有可以选取多个监测指标。

表 4-2　城市森林保健功能评价体系的基本框架

目　标	子指数	监测指标
城市森林保健功能评价指标体系	人体气候舒适度指数	空气温度
	空气成分指数	空气相对湿度
	噪声指数	风速
	紫外线指数	氧气浓度
	空气清洁度指数	二氧化碳浓度
	空气质量指数	噪声强度
		紫外线强度
		空气负离子浓度
		TPS 浓度
	空气微生物指数	PM_{10} 浓度
		$PM_{2.5}$ 浓度
		$PM_{1.0}$ 浓度
		细菌含量
	有机挥发物指数	真菌含量
		放线菌含量
		霉菌含量
		萜烯类化合物含量
		烃类化合物含量
		酮类物质含量
		氨基酸类物质含量
		酯类化合物含量
		脂肪酸衍生物含量

第三节　城市森林保健功能的评价指数与评价标准

以表 4-2 中所列的城市森林保健功能评价体系为例，其中的评价指数以及它们的评价标准如下。

一、城市森林保健功能主要单项指数的评价标准

（一）空气负离子

目前国内外关于空气负离子的评价还没有形成统一的标准，国外通常采用的评价方法有单极性系数、空气离子舒适带（英国）、空气离子相对模型（德国）以及安培空气离子评价系数（日本）等评价方法。这些空气离子评价指标中，最常用的是单极性系数和空气离子评价系数（鲁彦等，2000）。但森林环境中正、负离子的浓度差异大，二者的比值变异也很大，使用单极性系数和安培评价系数来评价有很大的局限性。因此，石强等（2004）提出了空气负离子系数的概念，并将其定义为大气离子中的负离子比率，即 $p = n^- / (n^- + n^+)$，同时在空气离子相对模型和安培空气离子评价模型的基础上，提出了森林空气离子评价模型 $FCI = p \times n^- / 1000$，其中 p 为空气负离子系数，n^+、n^- 为空气中正、负离子浓度，FCI 为森林空气离子评价指数，1000 个/cm^3 为人体生物学效应最低负离子浓度，并利用此模型分析研究了在森林环境中观测得到的大量空气离子浓度数据，应用标准对数正态变换法，制定出了空气负离子评价指数及分级标准（表4-3）。

表4-3　森林空气离子评价指数分级标准

等　级	n^-（个/cm^3）	n^+（个/cm^3）	p	FCI
I	3000	300	0.80	2.40
II	2000	500	0.70	1.40
III	1500	700	0.60	0.90
IV	1000	900	0.50	0.50
V	400	1200	0.40	0.16

在自然界中或普通环境中离子迁移率 $K \geq 0.4$ 时，所测得的负离子绝大部分是以氧分子吸附的负离子为主的小粒径离子，即俗称的"负氧离子"。在生态环境检测中，我们所需要监测的是空气中具有特殊意义的小粒径负氧离子浓度。世界卫生组织规定"清新空气中负离子含量不应低于 1000 个/cm^3"，离子迁移率 $K \geq 0.4$ 的小粒径负氧离子在其中约占 40%~50%，含量不低于 400~500 个/cm^3。根据此规定，并参照国内外其他地区常见的等级标准，制定了空气负氧离子浓度分级标准（表4-4）。

表4-4　空气负氧离子保健浓度分级标准

等　级	负氧离子浓度（个/cm^3）	空气清新程度	对健康影响
1	≥1110	很清新	很有利
2	800~1100	清新	有利
3	500~800	较清新	较有利
4	200~500	一般	正常
5	<200	不清新	不利

此标准的监测条件为：离子迁移率 $K \geq 0.4$，特指大气中以氧分子吸附的小粒径负氧

离子，不包含气溶胶等其他分子吸附的负离子团。

（二）空气污染物

空气污染物的评价标准采用《环境空气质量标准》（GB 3095—2012）。环境空气功能区分为两类：一类为自然保护区、风景名胜区和其他需要特殊保护的区域；二类为居住区、商业交通居民混合区、文化区、工业区和农村区。一类区适用于一级浓度限值，二类区适用于二级浓度限值。一、二类环境空气功能区质量要求见表4-5。

表4-5 环境空气污染物浓度限值　　　　　　　　　单位：$\mu g/m^3$

序号	污染物项目	平均时间	浓度限值	
			一级	二级
1	总悬浮颗粒物（TSP）	年平均	80	200
		24h平均	120	300
2	PM_{10}（粒径小于等于$10\mu m$）	年平均	40	70
		24h平均	50	150
3	$PM_{2.5}$（粒径小于等于$2.5\mu m$）	年平均	15	35
		24h平均	35	75
4	二氧化硫（SO_2）	年平均	20	60
		24h平均	50	150
		1h平均	150	500
5	二氧化氮（NO_2）	年平均	40	40
		24h平均	80	80
		1h平均	200	200
6	一氧化碳（CO）	24h平均	4	4
		1h平均	10	10
7	臭氧（O_3）	日最大8h平均	100	160
		1h平均	160	200
8	氮氧化物（NO_x）	年平均	50	50
		24h平均	100	100
		1h平均	250	250

（三）空气微生物

空气微生物的评价标准采用国家环境保护部和国家质量监督检验检疫总局发布的《空气微生物环境质量标准》（GB 3095—2012）（表4-6），主要划分为7个等级，1级，清洁；2级，较清洁；3级，微污染；4级，轻度污染；5级，中度污染；6级，重度污染；7级，极重度污染。

表4-6 空气微生物环境质量分级标准　　　　　　　　　单位：CFM/m^3

级别	程度	大气微生物总数	大气细菌	大气霉菌
1	清洁	<3000	<1000	<500

续表

级 别	程 度	大气微生物总数	大气细菌	大气霉菌
2	较清洁	3001~5000	1001~2500	501~750
3	微污染	5001~10000	2501~5000	751~1000
4	轻度污染	10001~15000	5001~10000	1001~2500
5	中度污染	15001~30000	10001~20000	2501~6000
6	重度污染	30001~60000	20001~45000	6001~15000
7	极重度污染	>60001	>45001	>15001

此标准为中科院谢淑敏在京津地区空气微生物调查结果拟定。CFM 为菌落统计单位。

（四）气候舒适度

气候舒适度评价是以人体与近地面大气之间的热交换原理为基础，评价人体在不同气候条件下舒适感的一项生物气候指标（汪永英等，2012；刘梅等，2002）。空气舒适度的评价标准一般采用陆鼎煌（1989）提出的"综合舒适指数"，主要划分为 5 个等级，1 级，很舒适；2 级，舒适；3 级，较为舒适；4 级，不舒适；5 级，极不舒适（表 4-7）。涉及气温、相对湿度和风速三个气象指标，具体计算公式为：

$$S = 0.6(|T - 24|) + 0.07(|RH - 70|) + 0.5(|V - 2|)$$

式中：S 为综合舒适度指数，T 为气温，RH 为相对湿度，V 为风速。

表 4-7 人体气候舒适度指数评价标准

级 别	S 范围	感觉程度
1	$S \leq 4.55$	很舒适
2	$4.55 < S \leq 5.75$	舒 适
3	$5.75 < S \leq 6.95$	较舒适
4	$6.95 < S \leq 9.00$	不舒适
5	$S > 9.00$	极不舒适

（五）空气富氧度

氧气的浓度是评价森林环境质量的一项重要指标。氧气分析仪所测数据为氧气在空气中所占的体积表征空气含氧量，会受到海拔高度的差异而影响数据的稳定性和可比性，海拔越高，空气中的氧气含量越低，反之亦然。为了消除海拔因素对氧含量的影响，需要对实测值进行校正，公式为：校正值＝实测值＋海拔/100×0.16（赵久金，2012）。韩明臣（2011）将氧气浓度划分为 5 个等级，1 级，高；2 级，较高；3 级，中等；4 级，较低；5 级，低（表 4-8）。

表 4-8 空气富氧度评价标准

级 别	氧气浓度	程 度
1	$O_2 \geq 22\%$	高
2	$22\% > O_2 \geq 21\%$	较 高

级 别	氧气浓度	程 度
3	21%>O₂≥20%	中 等
4	20%>O₂≥19.5%	较 低
5	O₂<19.5%	低

（六）二氧化碳浓度

综合刘京生（1999）的评价标准和《室内空气质量标准》（GB/T 18883—2002）规定，二氧化碳浓度可划分为 7 个等级，1 级，健康；2 级，正常水平；3 级，可接受；4 级，疲倦、不适；5 级，呼吸困难；6 级，头晕、头痛、呕吐；7 级，窒息甚至死亡（表 4-9）。

表 4-9　二氧化碳浓度评价标准

级 别	二氧化碳浓度	影响程度
1	350~400ppm	健 康
2	400~700ppm	正常水平
3	700~1000ppm	可接受
4	1000~2000ppm	疲倦、不适
5	2000~4000ppm	呼吸困难
6	4000~10000ppm	头晕、头痛、呕吐
7	≥10000ppm	窒息、死亡

（七）噪声指数

噪声的评价标准采用国家环境保护局的噪声指数评价标准（表 4-10），主要划分为 5 个等级，1 级，安全；2 级，轻度危害；3 级，中度危害；4 级，高度危害；5 级，极度危害。具体计算公式为：

$$L_{eq} = 10\lg\left(\frac{1}{N}\sum_{i=1}^{n}10^{0.1L_i}\right)$$

式中，L_{eq} 为城市平均等效声级（dB），L_i 为第 i 时刻的瞬时声级（dB），N 为规定的测量时间。

表 4-10　噪声危害程度评价标准

级 别	平均等效 A 声级	危害程度
1	<45	安 全
2	45~50	轻度危害
3	50~56	中度危害
4	56~75	高度危害
5	>75	极度危害

（八）紫外辐射

紫外线指数是人体对太阳光中紫外线承受能力的综合反映指标，紫外线指数值越大，表示紫外线辐射对人体危害越大，也表示在较短时间内对皮肤的伤害愈强。毕家顺（2006）将紫外线指数分为5级，1级时表示太阳辐射中紫外线量最小，对人体基本没有什么影响；2级时表示紫外线量比较低，对人体的影响比较小；3级时表示紫外线辐射为中等强度，对人体皮肤有一定程度的伤害；4级时表示紫外线辐射较强，对人体危害较大；5级时表示紫外线辐射最强，对人体危害最大（表4-11）。

表4-11 紫外线辐射强度评价标准

级 别	紫外线辐射强度 （W/m²）	对人体影响程度	对人体造成影响的时间 （min）
1	<5	最 弱	100～180
2	5～10	弱	60～100
3	10～15	中 等	30～60
4	15～30	强	20～40
5	≥30	很 强	<20

二、城市森林保健功能综合指数的建立方法

采用单一指标来反映森林保健效益往往比较片面，而多指标的综合评价则可较全面、准确地反映一个地区森林保健功能的综合水平，但在向公众通报相关信息时采用一个综合指数会比使用多个指数的数值更简单易董，更容易让人接受。常用的综合指数构建方法有层次分析法、模糊评价法、主成分分析法等（李春平等，2005）。层次分析法权重确定的主观性较大，模糊评价法在确定权重的时候也会遇到同样的问题。主成分分析法与其他综合评价法相比，具有以下优点：一是消除了原始指标之间的相关影响，使计算结果更为精确；二是降维简化了原始指标体系，且能尽可能地多反映原始指标的统计特性和信息量；三是在将原始指标变换为主成分的过程中，很容易得到包含信息量的主成分权重，这比人为确定权重工作量小，而且权重是伴随数学变换生成的，不能人为调整，属于客观赋权，这也有助于客观地反映指标之间的现实关系。所以一般建议在有定量测定的数值时应该选择主成分分析法等数理统计方法来计算综合指数。下面以主成分分析法为例介绍了一个城市森林保健功能综合指数的构建过程。

（一）主成分分析法的原理方法

1. 数据标准化

由于各评价指标的性质不同，具有不同的单位和不同的变异程度。为了消除量纲影响和变量自身变异大小和数值大小的影响，故将数据标准化。为了更合理的反映各城市森林类型综合保健功能的水平，同时方便控制综合指数的取值范围在0~1，采用min-max标准化，对原始数据进行线性变换，将原始数据映射在区间［0，1］中。根据指标性质的不

同，分为越大越好型和越小越好型。对于越大越好型指标，用公式（4-1）进行标准化；对于越小越好型指标，用公式（4-2）进行标准化，公式为：

$$x'_{ij} = (x_{ij} - \min x_{ij})/(\max x_{ij} - \min x_{ij}) \tag{4-1}$$

$$x'_{ij} = (\max x_{ij} - x_{ij})/(\max x_{ij} - \min x_{ij}) \tag{4-2}$$

其中，$i = 1, 2, \cdots, n$；$j = 1, 2, \cdots, p$。

2. 主成分和权重

城市森林保健功能综合指数（Urban Forest Health Comprehensive Index，UFHCI）各指标在综合评价模型中的权重通过 SPSS 统计软件利用主成分分析法确定，各项指标降维处理见表 4-12（一般提取特征值大于 1 的因子），综合评价指数 UFHCI 通过各成分相应的权重值来构造。

表 4-12 城市森林保健功能指标主成分得分系数矩阵

指 标	主成分			
	1	2	…	p
X_1	r_{11}	r_{12}	…	r_{1p}
X_2	r_{21}	r_{22}	…	r_{2p}
…				
X_n	r_{n1}	r_{n2}	…	r_{np}
方差累计贡献率（%）	v_1	v_2	…	v_p

从表 4-12 可以看出，n 个指标可归为 p 个相互独立的因子。p 个主成分的相对方差贡献率分别为 $W_1 = v_1$，$W_2 = v_2 - v_1$，$W_p = v_p - v_{p-1}$。主成分得分值 F_1，F_2，F_3，$\cdots$，F_p 与 X_1，X_2，X_3，$\cdots$，X_n 之间存在的函数关系式分别可表示为：

$$F_1 = r_{11}X_1 + r_{21}X_2 + \cdots + r_{n1}X_n \tag{4-3}$$

$$F_2 = r_{12}X_1 + r_{22}X_2 + \cdots + r_{n2}X_n \tag{4-4}$$

$$F_p = r_{1p}X_1 + r_{2p}X_2 + \cdots + r_{np}X_n \tag{4-5}$$

式中，X_1，X_2，$\cdots$，Xn 为 min-max 标准化值。

城市森林保健功能综合指数

UFHCI 值根据 p 个主成分的得分值及其相对方差贡献率构造，即：

$$\text{UFHCI} = W_1 \times F_1 + W_2 \times F_2 + \cdots + W_p \times F_p \tag{4-6}$$

（二）城市森林保健功能综合指数等级的确立

通过 SPSS 统计软件对 UFHCI 值进行系统聚类分析，结合各个单项指标的等级划分，由低至高可分为 5 级，UFHCI 值越高，保健功能越好。

利用杭州市午潮山国家森林公园（郊野森林）、植物园（城区森林）、西溪湿地公园（湿地森林）和采荷社区（居住区附属林）4 种不同城市森林类型一年的实时监测数据，得到如下城市森林保健功能综合指数的等级标准（见表 4-13）。

表 4-13　城市森林保健功能综合指数等级标准

级　别	指数范围	程　度	对人体健康影响
1	UFHCI>0.70	很　好	很有利
2	0.60<UFHCI≤0.70	好	有　利
3	0.46<UFHCI≤0.60	一　般	正　常
4	0.36<UFHCI≤0.46	差	不　利
5	UFHCI≤0.36	很　差	极不利

第五章 城市森林保健功能的调控方法

城市森林作为构成城市生态系统的重要组成部分，城市森林对城市的贡献远不止美化城市景观，而是城市之肺，具有较强的和不可替代的吐故纳新的能力。城市森林通过固碳释氧维持氧碳平衡、降低污染净化空气、改善空气负离子浓度、消减噪音、调节小气候、释放生物挥发物、应对突发热浪、缓解热岛效应、降低空气微生物含量等多种生态功能的发挥来改善城市的综合环境条件，还能给人体创造良好的疗养、减压、调节、保健环境，使人身心愉悦、健康长寿（朱文泉等，2001）。

城市森林主要由人工森林群落构成，空间布局受城市建设制约，植被在生长过程中所受人为干扰因素影响较多。为保证森林保健功能的有效发挥，城市森林在建设之初或完善时需结合区域生境研究、从物种选择、群落结构、空间布局等方面对城市森林进行规划；在规划监督和实施管理中重视公众参与、成本—效益的考量、价值权衡以充分发挥城市森林的保健功能（C. Ordonez，P. N. Duinker，2013）。

第一节 城市森林保健功能规划的理论体系

基于城市森林保健功能的城市森林规划在理论基础涉及林学、城市地理学、景观生态学、社会学、美学、心理学等多学科知识。这些学科的结合为城市森林规划创造了新的理论和思路，如城市森林生态网络理论（陈玮等，2003）、生态位原理及限制因子原理（李明阳，2004a）、等级缀块动态原理（邬建国，2000）。在城市森林规划中常需要用到森林生态学、景观美学、城市地理学、景观生态学、生态经济学的理论知识。

一、森林生态学

森林生态学理论是城市森林保健功能调控的基本准则。良好的城市森林生长情况是保障城市森林保健功能发挥的根本。

生境与群落生境：生境和群落生境专指影响能够生物的物理和化学环境，森林生境是森林所处的区域环境。在城市中生境的优劣直接决定当地物种多样性，因此在城市森林建设之初需要对城市森林现处的生境进行调查分析（冯国禄等，2006）。

生态位原理：生态位是指种群在群落中与其他种群在时间上和空间上形成的相对功能位置（朱春全，1993）。城市森林生态系统中的每种生物的生存都需要一定的空间和资源，并为此引起有同样需要的物种间激烈的竞争。通过竞争和选择，同一区域中不同的植物类型对环境的适应程度影响其所处的生态位。在生态保健功能调控中，可以运用生态位原理选择能够稳定地在该区域发挥作用的植物种类，不断地完善城市区域森林生态保健功能。

森林结构时间、空间结构替换理论：变动和发展是生态系统最基本的特征之一。城市森林生态系统中，因为城市发展中人为因素导致城市森林优势种发生明显改变。城市森林的结构变化通常是因为人为原因导致一个群落取代另一个群落的过程。城市中人类活动对城市森林的不同的干扰方式、干扰强度必然会引起城市森林生态系统的一系列反馈，并导致城市森林结构的替换。合理调控城市森林保健功能，必须了解会引起城市森林演替的主要原因（李俊清等，2010）。

耐受性定律：生物学家谢尔福德在 19 世纪初期提出耐受性定律，该定律支出环境因子在质量最低的时候会成为限制因子，但如果因子过量，超过生物体的耐受程度时也可成为限制因子（李洪远等，2012）。城市森林中发挥保健作用的各类植物生长因子的耐性限度中的任何一个在质和量上的不足或过量，都会引起植株的衰减或死亡。城市是污染较为集中的地方，某些因子起着限制因子的作用，如果城市森林环境条件长期处于极限状态下，植物生长会严重受阻，从而影响该区域森林保健功能的发挥。

二、景观美学

城市森林美学理论可用于规范视觉美观感受的城市森林保健功能的发挥。森林美学在宏观上属于生态美的范畴，它包含着丰富的表象和内涵。森林的美学价值源于人类的精神需求。在城市中有吸引力的景观性质包括：自然性、稀有性、和谐性、多色彩，空间上开放与闭合结构的联合，时间上观察随季节或生长阶段的变化。从表象上看，有形象美、听觉美、嗅觉美、朦胧美等形式；从内涵上看，有生态美、意境美等特征。

城市森林艺术效果：城市森林规划和经营过程中遵循园林艺术、园林植物种植设计、园林绿地系统规划的基本原理。并以自然美为前提，融合艺术美，重视植物的景观、美感、寓意和韵律效果，尽量体现园林的艺术性。多采用开放的自然式园林设计，通过多样的种群、灵活的配置和丰富的色相、季相变化，使生态效能与绿化、美化、香化相结合，自然生物属性得到文化体现，产生富有自然气息的美学价值和文化底蕴，同时强调开放性与外向性，与城市景观特色、不同造型和结构的建筑物相协调融合，考虑教育、文化、环境、经济等诸多方面的要求。

三、景观生态学

目前，城市所面临的"城市病"很大程度上是由于不合理的空间布局，导致城市内部各要素之间不能相互协调，从而削弱了城市生态系统的功能。景观生态学试图以其在宏观生态学领域所取得的研究成果，为综合解决城市问题寻求一条新的出路。城市森林由城市中心区的园林绿地和公园（以斑块为主）、道路绿化带（以廊道为主）、近郊的风景林和森林公园（以片为主）、远郊商品林、果园和农林复合经营组成，可以将其视为由点、线、块、带、网、片相结合的一个完整的森林景观生态系统。在城市森林的建设中强调多尺度上空间格局和生态学过程相互作用，以及缀块动态的景观生态学观点，能够为城市森林规划提供一个更合理、更有效的概念框架。根据岛屿生物地理学原理，对城市中残存的自然植被斑块予以保留，使之成为野生动物的栖息地和濒危物种的避难所（李明阳，2004b）；根据景观连接度和渗透理论，依托于郊区纵横交错的河渠、道路和众多的湖塘，建设防护林带、环带、林荫大道、森林大道，形成绿色走廊和绿色网络，并使之与城区数量众多、高度破碎化的植被斑块相互贯通，形成自然廊道与人工廊道相间分布的星状分散集团式景观格局，可以有效地阻止城市建成区"摊大饼"式发展所造成的生态恶化。

景观多样性导致稳定性原理：自然界中景观的稳定性时与景观的多样性相联系，即多样性可促进稳定性。城市森林生态系统的规划遵循景观多样性原理，涉及城市森林的美化效应和城市森林稳定性。通常城市森林的景观多样性来自种群多样和配置的灵活，而城市森林的景观不但要依从地域环境的特定要求，还要满足社会经济发展及居民心理的需要（薛建辉等，2006）。

四、城市地理学

城市森林是城市的重要组成部分，在一定程度上反映城市居民活动特征。该理论主要从地理学的角度衡量适合城市居民生活的布局方式。调控城市森林保健功能需要在了解城市居民活动状态基础上对城市森林进行布局，使得在不同分区中的城市居民可以获得最需要的城市森林保健功能。

城市土地使用布局结构理论：城市内部各类土地规划布局有一定的模式和运行规律。其中包括同心圆理论、扇形理论和多核心理论。同心圆理论指城市土地利用的功能分区，环绕市中心呈同心圆带向外扩展的结构模式。同心圆理论源于 19 世纪 20 年代美国社会学家帕克与伯吉斯等人通过对美国芝加哥市的调查，将城市人口流动对城市功能地域分异的向心、专业化、分离、离心、向心性离心 5 种作用力后，用一元模型表达芝加哥这类城市的结构具有由内向外区分人口集约度和土地价值的特点；扇形理论是通过研究美国 200 多个城市结构的资料总结出来的一类城市内部资源的分布特征；多核心理论是麦肯齐于 1933 年提出，这类理论代表向多方面建设、布局的多元化城市类型。这些土地规划的布局理论都可以在城市森林规划上应用（中国城市规划设计研究院，2003）。

五、生态经济学

城市森林为人类生存提供生活环境，城市森林发挥的保健功能使得城市居民免于被生活中排放出的污染和废气影响，直接提高人类生活质量。和其他生物资源一样，城市森林具有其自身演替的复杂性和与周围非生物资源相互作用的复杂性。相较于传统经济学只对生态结构进行研究和自然经济学对某些生态过程进行研究，生态经济学能够提供从结构和功能上对城市森林生态系统进行观测与分析的方法，这类方法有利于城市森林规划决策中对各类方案的权衡（P. E. Norris, S. Joshi, 2005）。

生态系统服务理论：对人类有价值的生态系统功能被统称为生态系统服务。完整的生态系统被认为提供生态系统服务的资本。资本要素通常被分为能够被转变的存量—流量资本和引起转变但自身不发生转变的资本—服务资源，其中存量—流量资本会被用尽，而资本—服务资源只会在使用的过程中被磨损。森林生态系统中木材的使用是存量—流量资本，气候调节、水供给、提供文化娱乐等功能是资本—服务资源，在阳光、水量充足的适宜环境下森林生态系统的资本—服务资源是能够通过自我更新再生的。生态系统的资本化有利于生态系统的量化分析，1997 年康斯塔札等人将生态系统提供的功能分为 17 种产品和服务，并以资本的形式对全球的生态系统服务功能进行评估（R. Costanza et al., 1998）。

第二节 基于城市森林保健功能的城市森林规划

城市森林在规划中需要将城市森林保健功能最大化。城市森林是对受到城市中社会、文化、经济的影响，包含植被、土壤、水体等多重组成因素进行规划，以城市森林的保健功能最大限度发挥为规划目的。城市森林生态系统最核心的部分依旧是以乔木为主体的植被，因此在森林保健功能的规划中应了解树木的保健功能，应用树种构成、树木的空间结构和形态结构等特性对城市森林进行规划。

一、城市森林规划的基本原则

保健型城市森林植物群落的配置必须最大限度地提高绿地率和绿化率，运用生态位原理合理配置群落，尽力创造人与自然的和谐。此外，还需要遵循以下基本原则：

（1）生态原则：应注重森林的降尘、水源涵养等方面的功能，同时强调环境保护，应该把保持大气中碳氧平衡、有效缓解热岛效应和温室效应、吸收和固定大气中的有毒有害物质、减轻城市噪音和电磁波污染、调节城市小气候环境等城市森林保健功能作为规划的目的。

（2）以人为本的原则：城市森林构建的最终目的是为居住其间的人类提供舒适宜人的生活环境，保证人类的健康发展。从城市森林树种的配置、色彩以及森林结构模式的设计都应从人的需求出发，体现出人文关怀，要努力为居民营造舒适美好的城市森林景观。

（3）因地制宜的原则：采用适地适树的种植原则，选用乡土树种，充分挖掘城市森林中各类植被的保健功能。

（4）整体性原则：充分考虑到城市整体地形与森林资源的基础上，制定城市森林规划整体框架，使得城市森林的布局在与城市各区域功能相协调的同时满足城市森林的统一性和完整性。

（5）可持续发展的原则：城市森林建设是以可持续发展思想为指导，与城市文化、经济、环境相互融合。合理组织空间，配置资源，保证城市森林眼前的生态效益和长远经济利益的持续发展。要立足眼前，兼顾长远，满足城市和人的可持续发展。

二、城市森林规划工作的基本内容

城市森林规划是根据城市森林保健功能发挥的目标，在研究城市生态、社会、经济以及技术发展条件基础上，制定城市森林规划策略，选择城市森林规划与布局方式，在与当地环境需求与其他市政建设相统一以后提出，城市森林规划工作内容具体有以下几个方面。

（1）城市调查与基础资料收集，研究满足城市居民需求和城市环境需求的规划目标，以及达到该目标城市所具备的自然和社会条件。

（2）确定城市森林保健功能调控方式，预测城市森林保健功能发挥所能达到的效果，拟定区域的建设指标。

（3）结合现有城市规划，确定城市森林的空间布局，选择合理的城市森林用地。

（4）拟定不同区域的城市森林各部分建设或改造的步骤和方法。

（5）确定城市森林建设中各项施工的原则和技术方案。

（6）根据城市森林基本建设疾患，安排各项近期建设项目，为各项工程提供依据。

（7）根据建设中可能出现的情况，提出实施规划的措施和步骤。

城市森林规划设计是根据城市的自然、经济和社会条件在城市绿化范围内，对适宜绿化的场所进行调查分析，对城市绿地的建设做出全面的安排并编制实施方案。为实现城市森林保健功能的调控，城市森林规划应该与城市规划布局相协调，并符合居民的需求。因此，城市森林规划应该划分为发展规划和区域性规划两类规划。其中城市森林发展规划和城市规划编制层次一致，属于城市发展战略层面的城市总体规划，城市森林区域性规划应属于建设控制引导层面的城市森林详细规划。

这两个层面的规划工作内容的不同反映在工作中具体化程度的不同上。在编制城市森林发展规划时，城市政府的主要职能部门需要制定城市森林总体规划纲要，总体规划的纲要是作为总体规划编制的依据，明确城市森林规划是利于森林保健功能的发挥的，并提出规划建议。城市森林详细规划的工作对象是城市森林中局部区域的城市森林类型，城市森林的详细规划的工作内容是对城市森林总体规划的具体落实。主要依据城市森林类型所有者和使用者各种利益的相互平衡关系，侧重于对城市森林规划建设在具体建设过程中的引导和控制，便于城市政府对城市森林建设项目进行管理，使城市森林建设活动能够按照总体规划确定的目标和制定的措施得到实施。同时，城市森林详细规划根据不同的任务、目标还应分为控制性详细规划和修建性详细规划两种类型。

三、城市森林总体规划的内容

城市森林总体规划的主要任务是协调城市人居环境内城市森林保护和建设的关系，以及不同区域内部城市森林生态系统与其他空间资源的关系，综合研究确定城市森林发展的功能构成、规模和空间发展状态，统筹安排各类城市森林建设用地，合理配置植被类型，确定树种组成与结构，处理好远期发展与近期建设的关系，指导城市森林合理发展。

为达到调控城市森林保健功的作用，城市森林的总体规划需要结合城市居民和利益相关者对社区森林规划的讨论，使规划方案能够更专注于树木如何更好地发挥提高城市空气质量、保障人类健康、产生经济价值、增强可步行程度、提高居民生活质量、促进建筑节能等功能。同时，这些基本信息的收集可以避免规划的过程中因目标过大，致使城市和社区森林的规划中承载一些不切实际的功能。

在城市森林总体规划中，城市森林的主体是森林而不是树木。所以，考核城市森林的功能的发挥不能只关注树木，而是应该关注城市森林如何最大化地发挥其保健功能。因此城市森林总体规划不仅要研究这个生态系统应如何支持城市生活环境，还应该研究运用政策维护和支持城市森林健康。

城市森林总体规划的期限参考城市总体规划的期限，可以为 10~20a，同时应通过结构规划对城市森林发展的远景进行安排，远景展望可以为 30~50a。城市森林总体规划应包括近期建设规划，对城市森林近期的发展布局和重点建设项目作出安排。近期建设规划期限为 3~5a。

城市森林总体规划主要内容如下：

（1）在城市森林规划准备时期，应对城市森林现有的保健功能进行评估。并了解城市森林生态系统变化，根据这些资料和公众讨论得到公众对居住区周边城市森林建设的愿景和城市森林建设的主要驱动因子。在掌握城市自然资源状况和城市规划建设状况后，划定环境敏感地区，分析城市森林发展的条件和制约因素，明确规划需要解决的问题。

（2）确定城市森林总体规划的空间层次和范围，根据森林保健功能的需要对城市森林建设进行分区，确定规划的指导思想和原则，制定规划期城市森林发展的目标和达到城市森林保健功能的评价指标体系。

（3）可以针对不同尺度的规划范围进行城市森林结构规划，内容包括：分析城市森林发展条件和制约因素，提出城市森林发展战略；提出与相邻区域城市森林发展在空间布局、重点建设项目、自然资源保护等方面进行协调的意见；分析城市森林生态系统与其他空间资源的关系，分析区域自然生态过程，识别环境敏感区，确定需要保护的区域；确定城市森林发展的空间结构和功能构成，提出建设的重点内容和要求。

（4）根据城市森林的功能构成，进行林地的分类，根据不同树种在森林保健中发挥的作用确定规划区可以运用的树种名录，各类植被的树种组成，确定不同功能的区域使用不同类型树种和植被结构比例关系。

（5）预测规划区城市森林的规模，确定各类城市森林用地与城市居民其他生活用地的比例关系。

（6）分区安排各类城市森林用地，制定分区规划的目标和指标，确定各类城市森林的空间布局，建立与结构规划相协调的空间结构体系。

（7）为各类城市森林用地制定规划导则，确定可以选择的植被类型、建设的形态、相关设施，以及与城市建设和其他生态要素的关系，提出相应的控制指标。

（8）对现有的建设良好的城市森林提出保护，对无法有效发挥森林保健功能的森林进行改造或综合利用的发展方向和相应的措施。

（9）将城市森林与城市文化相结合，建立城市森林物质层面建设与精神文化层面建设的联系。

（10）重点建设工程及分期建设规划，确定重点建设的项目，安排建设时序，提出近期建设的目标、内容和实施步骤。

（11）进行综合技术经济论证，进行投资估算和效益分析。

（12）提出规划实施的措施和政策建议，制定保障城市森林可持续发展的策略。

城市森林规划主要流程如下：

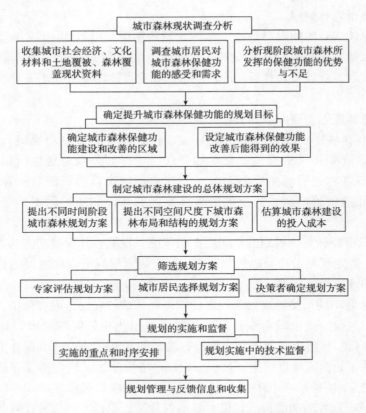

图 5-1　基于增强城市森林保健功能的城市森林规划过程图

四、城市森林控制性详细规划的内容

城市森林详细规划针对具体的地块，主要任务是：以城市森林总体规划为依据，详细规定城市森林的各项控制指标和其他规划管理要求，或者直接对城市森林建设作出具体的安排和规划设计。

控制性详细规划是适应城市森林规划的深化和管理的需要，根据城市森林总体规划，以及相关城市规划、地区经济、社会发展和环境建设的目标，对城市森林用地的类型、位置和范围、使用强度、空间环境，植被的类型、空间结构、布局、形态、树种组成，公共服务设施以及自然资源保护等作出具体控制性规定的规划，作为城市森林管理的依据，并指导修建性详细规划的编制。主要内容如下：

（1）详细调查规划范围内及周边自然资源条件，以及相关规划情况，确定规划范围内需要保护或改造利用的自然资源，确定规划范围内不同城市森林类型的界线，对于发挥城市森林保健功能的城市森林用地，提出城市森林分布位置的建议，分析现状存在的问题以及规划需要重点关注的问题。

（2）从环境生态、视觉景观、游憩活动等多个方面对地块城市森林建设提出控制性或引导性的指标。

（3）制定相应的城市森林管理规定。

在居民点集中的城市用地上进行城市森林的建设，应该依据城市森林总体规划编制控制性详细规划和修建性详细规划，可以依据城市森林总体规划直接编制修建性详细规划。

五、城市森林修建性详细规划的内容

城市森林修建性详细规划是依据已经批准的控制性详细规划，对要进行建设的地区提出具体的安排和设计，以指导城市森林的设计和施工。内容包括：

（1）进行建设条件分析和综合技术经济论证，提出规划需要解决的问题。

（2）利用现状自然资源条件，进行城市森林保健功能和景观规划设计，布置总平面。

（3）规划分析，包括景观分析、空间结构分析、功能设施分析、交通组织分析和植被分析。

（4）进行植被规划，确定各类植被的分布位置和范围，确定各层次的主要目标树种，对现状植被提出具体的改造利用措施。

（5）竖向规划设计。

（6）估算工程量和造价，进行技术经济分析。

六、城市森林规划的监督管理

城市森林规划是以树木为主体的城市植被的规划建设。城市是随着社会不断发生变化的有机整体，城市森林在规划中必须解决城市发展各个阶段面临的各类新问题，需要适时地不断进行调整和补充。

在城市森林管理监督中树木规范是一项必不可少的内容，由于一个没有树木规范的地方会导致需要使用法规的人不得不寻找与该城市树木有关的所有法规。并且，景观条款、森林保护、种植要求、街道树木有关规定与机动车道绿化及其他树木相关规定相联系，如果他们不能完全在同一法规中，至少应该在彼此间交叉引用。城市树木相关条例作为城市森林维护的基础需要被关注，如果出现违规操作的情况，规划者和使用者都应该知道应该应用哪个条例能够都其进行有力的维护，规划者和使用者对相关条例的关注与熟悉利于城市森林规划的监督管理。

第三节　城市森林构建模式

构建城市森林，必须从区域实情出发，根据时代发展的要求，挖掘城市森林的潜力，使森林建设朝实用化方向发展，更好地发挥城市森林的保健功能效益。下面就我国城市森林的构建模式、可持续经营与可持续发展对策作简要论述。

一、我国城市森林的建设模式

目前我国已有653个城市，每个城市资源、经济特征各不相同，因此各个城市的城市森林的建设模式应该是多种多样的。应该根据城市的自然地理条件、性质、规模、经济发展水平和特定的环境状况等综合条件来制定具有地方特色的城市森林发展模式，这样才能体现自身的特色，才能更好地发挥城市森林的功能和作用。当前典型的城市森林建设模式有"森林城市"模式和"园林城市"模式。在前两者的基础上，本书提出"休闲保健"城市森林建设模式等。

（一）"森林城市"模式

"森林城市"是将森林引入城市，将城市坐落在森林之中。森林城市的建设理念是利用森林固碳释氧、调节小气候、减缓城市热岛效应的能力为城市居民提供一个环境良好的生活空间。作为城市生态化的发展形势，建设"森林城市"被认为是调控城市环境质量的经济、有效的手段。"森林城市"模式的建设的特点在于城市建设按照各地区发展条件进行，结合城市地域风貌特点，根据各城市发展的特色进行建设。目前的 58 个国家级森林城市正是依照森林城市的模式统一进行建设。

（二）"园林城市"模式

国家园林城市源于国家住建部为加快我国城市园林绿化建设步伐，提高城市规划、建设和管理水平，实施城市可持续发展和生物多样性保护行动计划而开展的城市创建活动。"园林城市"模式是结合城市的自然地理特色，营造出的一种是具有生态绿色、人文与景观的特色的城市发展模式。园林城市主要根据住建部提出的，分布均衡、结构合理、功能完善、景观优美、人居生态环境清新舒适、安全宜人等城市建设标准进行建设，并通过各类绿化数值指标评判是否达到园林城市。截至 2013 年，根据国家园林城市标准共选出以南京、长春、杭州、昆明等为代表的 247 个园林城市和 5 个园林城区。

（三）"休闲保健"城市森林模式

森林的多目标利用是当前城市森林建设努力探索的方向，其中以维护大众健康为主的利用价值最易受到重视，休闲保健型森林以供人们休闲游憩、强身健体为主要目的，在休闲保健城市森林的构建中应当充分利用现有生态保健功能的植物，来提高环境质量、杀菌和净化空气，利用不同空间的光能，营造出关系协调、功能显著的复层混交林。森林意境达到自然美和功能实用的有机统一，使园林比自然更典型，使生活在其周围的人，在视觉、听觉、嗅觉乃至体疗方面均受益。保健型生态群落应因地制宜，掌握植物共生、循环和竞争的原理，植物种群生态学原理和植物他感作用等生态学理论；熟悉各种植物的保健功效，将乔木、灌木、藤本、草本植物共同配置在各个城市森林群落中，构建一个和谐、有序、稳定、壮观、且能长期共存的复层混交立体植物环境。植物群落中应该招引各种昆虫、鸟类和小兽类成完善的食物链，以保障生态系统中能量转换和物质循环的持续稳定发展。追求适宜居住的城市环境，以提高人们的生活质量，达到生态上的科学性、配置上的艺术性、功能上的显著性、风格上的地方性。

目前，人们对于森林游乐的功能偏重于静态的游赏，局限于到森林里走马看花一游，其活动项目与内容贫乏，吸引人群及贡献社会的功能有待于加强，可以针对不同的服务对象进行设计：①为青少年的教育活动。精神医学专家认为绿色环境能提供慰藉人类心灵的独特效益，故可透过森林环境中团队生活方式，使青少年重新感受泥土的芬香与大地的绿意，以培养高尚的情操和开阔的胸襟。②为成年人的游乐健身活动。成年人是工作压力和生活压力最大的一个年龄层，所以设计丰富的活动项目，帮助他们释放压迫感是森林游乐区的主要方向。③增进老年人情趣的林间活动。随着社会人口的高龄，保持老年人的身心健康，创造空间，让他们参与有情趣的工作、游乐、服务等社会活动，是一个重要的课题。

二、城市森林的可持续经营

城市森林的建设要体现可持续经营和可持续发展思想，建立可持续经营规范。城市森林的可持续经营就是掌握森林演替发展的基本规律，通过人为辅助措施使其与城市环境相适应，维持自身的物质流与能量流，建立一定自我更新能力的、稳定的、长久不衰的城市森林系统。

（一）树立人与城市森林和谐共存的理念

在进行城市森林经营中，必须建立人与城市森林和谐共存的理念。城市森林为社会提供多方面服务，人类也要为城市森林提供必需的生存空间，两者缺一不可。如若只重视人的利益而忽视城市森林的生存条件，城市森林则不可能永续服务；相反只重视城市森林的生存而忽视人的方便利益，对社会发展则成了障碍，也是行不通的。因此，必须建立二者共存及协调发展的理念，只有这样才能使城市森林与城市社会协调和谐共存发展。

（二）科学合理地经营城市森林，是实现城市森林可持续发展的主要条件

合理经营首先要对不同类型的森林群落保持合理的营养空间。对城市森林、公园和各类片林，要使林下有疏松土壤，严防地表硬化。这样使得叶落归根，形成枯枝落叶层，构成地面的物质库和能量流动场所，吸收天然降水，维持生态系统的功能作用，城市森林只有具备良好的森林环境和生态系统功能，才能保持其经营的可持续性。行道树及庭院树木，凡是以行状种植者，应保持足够的松土带，为根系的正常生长创造条件；单株或群植树木，也要相应保持适当的松土面积。只有使树木花草各得其所，才能使他们各司其能。

（三）建立安全保障措施

城市森林与天然森林相比，前者的生存条件受到很大干扰。人为活动的频繁，城市污染的空气及水质及水量供应不足，气温过高等不利因素，都限制城市森林的正常生理代谢活动。要保证城市森林的正常生长发育和可持续发展，必须建立维护城市森林保护的规章制度，并开展宣传教育。使城市人在享受到森林赋予的各种服务的同时，城市森林也享受到人们的爱护。另外，城市森林与周围的火源要有隔离设备，并有灭火的措施与设备，以防火灾发生。

（四）建立病虫害防治机构

城市森林比天然林物种少，食物链短，尤其是鸟类的种类和数量较少，生态系统的自控能力较弱，因此病虫害容易发生。为此，要建立相应的病虫害防治机构，及时控制病虫害的发生发展，保证植物正常生长。

（五）培养专门人才，运用现代化的科学技术进行城市森林资源监测

加强城市森林科学经营维护要培育专门人才，投入足够的人力、物力、财力，实行高标准的维护管理，进行城市森林资源监测。运用地理信息系统（GIS）、航测、遥感等现代化科学技术和方法获取城市森林的本底资料，建立数学模型，监测城市森林的数量、质量动态变化，估测城市森林生态效益，评价森林质量，为城市森林的管理、建设提供可靠的依据，使城市森林朝着健康、高质和高效方向发展。

三、城市森林的可持续发展对策

（一）确立城市森林建设的战略性地位

城市总体发展规划中纳入城市森林建设，利于城市的合理规划和统一布局。因此，城市森林的保护和维护需要包括开发者在内的利益相关群体进行讨论。它包括一个公民讨论的过程，即使出现意见和分歧，这个讨论也能在区域中得出一个能够发挥作用的共识。这类共识能够很好地影响公众舆论。城市居民的合作是城市森林法规条例能得到预期效果的保证。确立城市森林的战略地位还要加强理论宣传和舆论引导，深刻剖析和揭示城市森林在改善城市生活环境、美化市容、城市规划和城市建设管理中的重要作用，提高国民的环境意识，教育国民爱护大自然，保护大自然，从我做起，从现在做起，全社会动员，爱护城市森林的一草一木，共同保护美好家园。

（二）因地制宜，突出本地特色和风格

城市森林具有了特色就具有了长久的生命力。城市森林要根据气候、土壤、地形、地势、地貌特征等自然条件，以及经济、文化、风情、历史沿革、城市性质、功能等社会条件，因地制宜、实事求是、扬长避短地进行城市森林规划和实施，突出个性特征，尤其在城市森林的基调树种和骨干树种上，更应选择地带性树种。如温带地区所选树种应以落叶树为主，但为了提高景观和生态效益，还应该适当地配置一些常绿树，避免千篇一律，做到生态、艺术、文学内涵的完美融合，以求达到"生境""画境""意境"的高度统一。

（三）促进环境与经济协调发展

任何形式的经济发展都不能以牺牲城市森林和城市生态环境为代价。相反，城市森林的培育与经营，必须成为促进经济发展和维护城市生态系统良性循环的必要手段。要通过提供服务、开发利用当地资源，扩大森林资源功能，发展经济。如利用自然景观建设旅游区、休闲度假区，发展种植、养殖业基地等等。使生态保护与经济发展互相补充，互相支援，协调发展。

（四）城市森林管理纳入法制化轨道

加强城市森林的管理，必须有相应的法律法规保证其切实执行。如美国在 1972 年就通过了"城市森林法"，中国的某些城市也制定了建设与经营的法规，将城市森林的边界、城市林区及其领导承担的义务、责任、经济方向、协作关系等以法规的形式固定下来。短期合作，应签订合同，双方责、权明确，有利于事业发展，也便于政府监督，保证协调发展。

第六章　杭州案例研究

第一节　杭州市概况

一、自然地理概况

杭州市地处长江三角洲南翼、浙江省西北部。东临杭州湾，南与金华、衢州、绍兴三市相接，西与安徽省交界，北与湖州、嘉兴两市毗邻。其地理位置界于北纬29°11′~30°34′，东经118°20′~120°37′。市域东西向长约250km，南北向宽约130km。总面积为16596km²，其中丘陵山地占总面积的65.6%，平原面积占26.4%，江、河、湖、水库面积占8.0%。

杭州市境内地形复杂，地貌类型多样，整个地势西高东低，由西南向东北倾斜，呈喇叭形向东北张开。地貌以低山、丘陵为主。西部、中部、南部属浙西中低山丘陵，东北部属浙北平原。主干山脉呈东南向西北走向。

全市的千米以上的山峰共550座，其中北支434座，南支116座。山地和丘陵中常有喀斯特发育和带状河谷平原分布。东北部地势低平，河网密布，是典型的"江南水乡"杭嘉湖平原和宁绍平原的组成部分。新安江、富春江、钱塘江自西南千岛湖起往东北贯穿全市，注入杭州湾。全市土地构成中，山地丘陵占65.6%，平原占26.4%，江、湖、水库占8.0%，故有"七山一水二分田"之说。

杭州市地处中、北亚热带过渡区，其特征四季分明，温暖湿润，光照充足，雨量充沛，气候兼具中亚热带和北亚热带特点。一年中，冬、夏季风交替变化明显，形成春多雨、夏湿热、秋气爽、冬干冷的气候特征。同时，由于市域范围地貌类型复杂，地势高低悬殊，光、热、水的地域分配不均，形成局部地区小气候资源丰富，为森林物种的生存繁殖提供了多样性的气候资源。

杭州市年平均日照时数1800~2100h，年均太阳总辐射量100~110kCal/cm²，日照百分率（实照时数与可照时数的百分比）41%~48%。年平均气温15.3~17℃，1月为最冷月，平均最低气温−1.3℃，极端最低气温为−15℃（1977年1月，萧山）。7月为最热月，平均最高气温在34℃以上，极端最高气温为42.9℃（1971年7月）。平均初霜日出现在11月中下旬，终霜日出现在3月中旬前后，无霜期一般为230~260d。年平均降水量在1100~1600mm，年雨日130~160d。年平均蒸发量为1150~1400mm。地域分布上南部大于北部。

杭州市境内土壤环境复杂，性质差异较大，类型较多。根据杭州市第二次土壤普查，全市土壤总面积为 15030km²。按照土壤的发生和演变及其肥力特征，杭州市陆地上的各种土壤可划分为共有 9 个土类、18 个亚类、58 个土属及 148 个土种。全市土壤中，红壤分布最广，约占土壤总面积的一半以上；水稻土次之，约占土壤总面积的 14.0%。

杭州市内河流纵横，湖荡密布，平原地区水网密度约达 10km/km²。市域内主要河流有钱塘江、东苕溪、京杭运河等，它们分属于钱塘江、太湖两大水系。主要河流有钱塘江、东苕溪和京杭运河等。

杭州市水资源总量较丰富，但人均占有量略低于全省及全国人均水平。由于降水分配不均，径流量年际变化很大，贫水年城乡用水供应不足，而丰水年则洪涝频发。全市年均水资源总量约为 157.7 亿 m³。

杭州全市植被覆盖良好，森林覆盖率为 62.8%。杭州市处于中亚热带常绿阔叶林植被带，其东半部属钱塘江下游、太湖平原植被片，西半部属天目山、古田山丘陵山地植被片。植物区系的温带、亚热带东亚区系成分的特征显著。植被垂直带谱较明显。现状植被具有明显的亚热带性质，其组成种类繁多，类型复杂。全市地带性植被为中亚热带常绿阔叶林，但因受人类活动影响，目前除自然保护区、保护小区及名胜古刹附近尚残留有面积不大的原始状态的天然林外，绝大部分已成为天然次生林和人工林。

依据人类干扰程度和林分起源，现状植被可划分天然植被和人工植被两大系列，下属多个植被类型。

天然植被：主要类型有针叶林、常绿阔叶林、落叶阔叶林、落叶阔叶矮林、常绿落叶阔叶混交林、竹林、灌丛、水生植被、沼泽植被等。其中针叶林是全市分布最广的植被类型，约占乔木林面积的 58%，可分为温性针叶林和暖性针叶林两个植被型。常见群系有马尾松林、杉木林、柳杉林、黄山松林、柏木林等，其中以马尾松林分布面积最大，广布于海拔 750~800m 以下的丘陵山地。

人工植被：全市分布广泛的植被类型，主要为经济作物。按照优势种的生活型、群落结构以及经济状态等，可将人工植被分为农业植被和木本经济林植被两个基本类型，每个基本类型均下属多个植被类型。

二、社会经济概况

杭州市土地总面积有 16596km²。杭州市现辖 8 个区、2 个县、3 个县级市，建制镇 105 个、乡 31 个、街道办事处 62 个，社区 761 个、居民区 41 个、行政村 2175 个。2010 年末，全市户籍人口 689.12 万人，其中，农业人口 323.88 万人，非农业人口 365.24 万人。

2010 年，全市实现生产总值（GDP）5945.82 亿元，连续 20 年保持两位数增长。按户籍人口计算的人均 GDP 为 86642 元。全年完成财政总收入 1245.43 亿元，其中地方财政一般预算收入 671.34 亿元。区城镇居民人均可支配收入 30035 元，全市农村居民人均纯收入 13186 元。

全市耕地面积 190013hm²，全市有林地面积 929933hm²。2010 年，全市完成农林牧渔业总产值 316.34 亿元，其中，农业产值 169.88 亿元，林业产值 32.93 亿元，牧业产值 70.56 亿元，渔业产值 34.90 亿元。全年茶叶、花卉苗木、水产品、节粮型畜禽、蔬菜和竹业等"六大优势产业"实现产值 179.58 亿元，水果、干果、蚕桑、药材和蜂业等"五大特色产业"实现产值 39.98 亿元，合计占农林牧渔业总产值比重为 69.4%。全市实现全部工业销售产值 12821.87 亿元，其中规模以上工业销售产值 11114.53 亿元。

杭州市作为长江三角洲重要中心城市和中国东南部交通枢纽，是我国最具活力的城市之一。通过改革开放以来经济社会实现了平稳快速增长，杭州的社会发展程度已经达到了一个较高的水平。近年来，杭州市先后被授予联合国人居奖、国际花园城市、国家园林城市、全国绿化先进城市、全国重点城市环境综合整治十佳城市、国家卫生城市、全国社区建设示范市、中国人居环境奖、国家环境保护模范城市、全国科技进步先进城市、全国创建文明城市工作先进城市、中国优秀旅游城市、全国双拥模范城等称号

三、林业概况

全市林业用地面积 929933hm²，占土地总面积的 68.7%，森林覆盖率 62.8%。林业在全市国民经济和生态环境建设中的地位举足轻重。杭州林业工作在国家林业和单原局及浙江省林业局的指导和市委、市政府的领导下，围绕绿化杭州、农业增效、农民增收，始终一手抓生态环境建设，一手抓产业化经营，林业建设取得迅速发展。"十五"期间，杭州市紧紧围绕"构筑大都市、建设新天堂"的宏伟目标，提出并完成了"林业十大工程"，走出了一条建设与保护并重，生态与产业并举、改革与发展并进的可持续发展道路，初步实现了林业生态效益、经济效益和社会效益的良性互动。

2007 年全年林业总产值 29.47 亿元。全年完成造林更新面积 5420hm²，其中竹林 1287hm²、经济林 1060hm²、防护林 560hm²、用材林 447hm²。组织 298 万人（次）义务植树 656 万株。省重点生态公益林面积新增 1.77 万 hm²，累计 31.2 万 hm²。新增市级园林绿化村 37 个、省级绿化示范村 25 个。新建省级森林食品基地 14 个、市级示范园区 13 个。新认定省级林业重点龙头企业 8 个、省级林业观光园区 2 个。林木采伐量 60.13 万 m³，依法征占用林地面积 960hm²，营建生物防火林带 162km（面积 291hm²），森林火灾受害率 0.09‰。森林病虫无公害防治率 98.4%，林业刑事案件查处率 90.5%。

杭州市市区建成区绿化覆盖面积 129.90km²，绿地率 35.32%，绿化覆盖率 38.6%。

第二节　杭州城市森林本底情况调查

一、杭州城市森林调查

（一）样地设置与群落调查

2011 年 7 月，以整个杭州市为主要研究范围，采用分层随机抽样调查法，在杭州市卫星图片上随机选取样地点 200 个（图 6-1），利用 Google Earth 图像和 GPS 在实际地面上找到样点，设置以 12m 为半径的圆形样地，对样地内的植被情况进行调查。调查内容：①乔木层。对各树种进行每木测量，记录各树种种类、株数，测定各株胸径、树高、干高、冠幅、健康状况（优，好，一般，差，濒临死亡）等因子。②灌木层。记录样地内灌木种类、高度和盖度。③草本层。记录样地内草本植物种类、高度和盖度。

图6-1 杭州市随机抽样图

（二）数据分析

1. 重要值计算

重要值是用来表示种在群落中地位和作用的综合数量指标，反映植物种在群落中作用的大小。同一群落内重要值最大者即为该群落优势种。其计算公式如下（卢炜丽，2009）：

乔木层的重要值＝（相对密度+相对优势度+相对频度）/3；

灌草层的重要值＝（相对频度+相对盖度+相对高度）/3。

式中：乔木层的相对优势度用胸高断面积计算；对于灌木层和草本层植物，株数不易统计，相对优势度以植株的覆盖面积计算；频度为某种植物出现的样方数与全部样方之比。

相对优势度、相对密度、相对频度、相对盖度和相对高度的计算公式如下（张刚华，2006；杨小林，2007）：

相对密度＝某个种的个体数/全部种的个体数×100

相对频度＝某个种的频度/全部种的总频度×100

相对盖度＝某个种的盖度/全部种的总盖度×100

相对优势度＝某个种的断面积/全部种的总断面积×100

相对高度＝某个种的平均高度/全部种的平均高度之和×100

2. 物种多样性特征计算

1) 多样性指数

目前 Shannon-Wiener 指数（H）和 Simpson 指数（D）泛用于测定物种的多样性指数（马克平等，1995；茹文明等，2006；张林静等，2002；庄雪影等，2002；雷相东等，2003），其公式为：

$$H = - \sum_{i=1}^{s} (p_i \ln p_i)$$

$$D = 1 - \sum_{i=1}^{s} p_i^2$$

式中：P_i 为种 i 的相对重要值，即种 i 的重要值与种 i 在层或样方所有种的重要值之和。

2) 丰富度指数

丰富度指数选取 Patrick 指数（R）（马克平等，1995；刘晓红，2008），即：

$$R = S$$

式中：S 为种 i 所在样地的总种数，即物种丰富度指数。

3) 均匀度指数

群落均匀度指群落中各个种多度的均匀程度。选取以 Shannon-Wiener 指数和 Simpson

指数为基础的 Pielou 指数 J_{sh}、J_{si}，Alatalo 指数 E_a 三个均匀度指数表征群落均匀度（王多泽，2010；张金屯，2000）。即：

$$J_{sh} = H/\ln S$$

$$J_{si} = D_{si} / \left(1 - S^{-1}\right)$$

$$E_a = \frac{\left(\sum p_i^2\right)^{-1} - 1}{\exp\left(-\sum\left(p_i \ln p_i\right)\right) - 1}$$

4）群落的总体多样性指数

由于各生长型（乔木层、灌木层和草本层）在群落中所占的空间不同，对群落的结构、功能与稳定性等方面所起的作用也不同（周择福，2005），所以在测度群落总体多样性时，采用各生长型对群落总体多样性的贡献率来计算。高润梅等（2011）的研究分别赋予其 0.5、0.3 和 0.2 的权重系数。

$$S_{总} = W_1 H_1 + W_2 H_2 + W_3 H_3$$

式中：S 总为群落总体多样性指数，W_1、W_2、W_3 为各层的权重系数，H_1、H_2、H_3 为各层的植物多样性。

二、杭州城市森林结构

（一）植物群落结构

1. 物种组成

杭州城市绿地维管束植物有 110 科 179 属 221 种。其中：蕨类植物 3 科 3 属 3 种，裸子植物 8 科 12 属 16 种，被子植物中单子叶植物 15 科 32 属 33 种、双子叶植物 84 科 132 属 169 种（表 6-1）。乔木 61 种，隶属于 33 科 49 属；灌木 76 种，隶属于 38 科 56 属；草本 84 种，隶属于 39 科 74 属。据有关资料，杭州市区有维管束植物 1369 种，隶属于 184 科 739 属（杭州市地方志编纂委员会，1995）。相比较而言，本次调查的植物种类较少，分析其原因：一是抽样调查主要涉及的是常见种；二是城市绿地人为活动对环境影响较大，破坏了群落结构，从而使物种多样性降低。从科的统计分析看，调查样地植物的科在少种科和单种科上相对集中，分别占总科的 30% 和 44%；从属的统计分析看，调查样地的种也集中在少种属和单种属，分别占总属的 31% 和 65%；三种世界性大科（蔷薇科、禾本科和菊科）占有 26% 的比例。说明，在科和属的组成上具有很高的分散性，反映出该区植物小科和单科较多，而大科较少的特点。生活型中，木本植物 137 种，占总数的 61.99%；草本占总数的 38.01%；乔木类型占总数的 27.60%（表 6-2）。从乔木树种的使用比例看，常绿乔木是落叶乔木种树的 2 倍。

表 6-1　杭州城市绿地植物科属种统计

类　型	科		属		种	
	数　量	占总数的比例/%	数　量	占总数的比例/%	数　量	占总数的比例/%
蕨类植物	3	2.73	3	1.68	3	1.36

类　型		科		属		种	
		数　量	占总数的 比例/%	数　量	占总数的 比例/%	数　量	占总数的 比例/%
被子植物	双子叶植物	84	76.38	132	73.74	169	76.47
	单子叶植物	15	13.64	32	17.88	33	14.93
裸子植物		8	7.27	12	6.70	16	7.24
总　计		110		179		221	

根据各群落的重要值，乔木层优势种主要有 15 种，各种出现的频度从高到低的顺序依次为香樟（*Cinnamomum camphora*）、桂花（*Osmanthus fragrans*）、无患子（*Sapindus mukorossi*）、女贞（*Ligustrum lucidum*）、银杏（*Ginkgo biloba*）、广玉兰（*Magnoliagrandiflora*）、紫薇（*Lagerstroemia indica*）、枫杨（*Pterocarya stenoptera*）、构树（*Broussonetia papyrifera*）、水杉（*Metasequoia glyptostroboides*）、垂柳（*Salix babylonica*）、二球悬铃木（*Platanus acerifolia*）、马尾松（*Pinus massoniana*）、桑树（*Morus alba*）、毛泡桐（*Paulownia tomentosa*）。灌木中常绿灌木较多，约是落叶灌木的 3 倍，灌木层优势种类有27 种，出现频数较多的主要有红花檵木（*Loropetalum chinense*）、红叶石楠（*Photinia serrulata*）、海桐（*Pittosporum tobira*）、杜鹃（*Rhododendron simsii*）、金边黄杨（*Euonymus japonicus*）、金叶女贞（*Ligustrum vicaryi*）、山茶花（*Camellia japomica*）、小叶女贞（*Ligustrum quihoui*）。草本中，多年生较一年生多，草本层优势种类主要有 27 种，主要以沿阶草（*Ophitopogin japonicum*）、狗尾草（*Setaria viridis*）、结缕草（*Zoysia japonica*）、葎草（*Humulus japonicus*）、一年蓬（*Erigeron annuus*）较为常见（表6-2）。

表6-2　植物生活型统计

植物类型	数　量	占总数的比例/%
常绿乔木	41	18.55
落叶乔木	20	9.05
常绿灌木	56	25.34
落叶灌木	20	9.05
一年生草本	35	15.84
多年生草本	49	22.17

2. 植物群落外貌、结构及类型

杭州城市绿地植物群落外貌特征以常绿阔叶林型为主，占 35.71%；落叶阔叶林型占 25.00%；常绿落叶阔叶混交林型占 19.64%；其他类型的群落（常绿针叶林型，常绿针叶落、叶阔叶混交林型，落叶针叶林型，常绿针阔叶、落叶阔叶混交林型）所占比例仅为 19.65%；这较好地反映了本地植物群落的地带性分布特征。在调查样地中，乔草型结构的群落占 34.94%，乔灌型占 32.53%，乔木型占 8.43%，乔灌草型结构的群落所占比例为 24.10%，且构成群落主体的乔木层数量较少，各样地的乔木密度波动幅度较大，所有样地乔木平均数量为 274 株/hm²。群落中，乔木层大部分只有 1 层，极少数样地的群落乔木层可分为 2~3 层；灌木层和草本层种类比较缺乏，8.43%的乔木型群落灌草层根本不存在或很少有灌草层种类，难以将其单独归为一个层次，32.53%的乔灌型群落草本层种类缺乏，34.94%的乔草型群落灌木层种类缺乏，并且在调查样地中，层间植物很少。这反映了杭州现有城市绿地中，植物群落结构层次比较单一，以乔木为主的单层景观多，而复层景观少。说明群落结构完善程度不理想。

3. 径级和垂直结构

根据郤光发（2006）的划分依据，把树木胸径分成大、中、小 3 类，胸径大于 30cm 为大树、胸径在 10~30cm 为中等树木、胸径小于 10cm 为小树。树高也分成大、中、小 3 类，树高大于 20m 为大树、树高在 5~20m 为中等树木、树高小于 5m 为小树。胸径分为 10cm 以下、10~20cm、20~30cm、30~40cm、40~50cm、50cm 以上 6 个径阶。树高分为 5m 以下、5~10m、10~15m、15~20m、大于 20m 5 个等级。调查样地中，乔木树种径级分布范围较宽且呈连续分布，在 2~125cm 范围内均有分布，其中大、中、小径级树木之比为 1∶30.35∶19.45，树木胸径等级呈现以中、小径级为主，大径级较少的数量分布格局。树木的平均胸径为 12.53cm，其中有 66.44%的树木径级小于树木的平均径级。大径级树木主要集中在银杏、水杉、泡桐 3 个树种。绝大多数树木集中在 20cm 以下的径阶区间范围，占调查总量的 80.81%。各径级区间所占的比例依次为 38.29%、42.52%、12.60%、3.64%、0.98%和 1.97%。由此可见，杭州城市绿地树木多以中、小径级为主，随着胸径的增大，植物数量逐渐减少，大径级的树木所占比例很小。说明杭州城市绿地的林龄并不大，植物群落处于生长期，具有更新潜能的小径级立木较丰富；但近期植物景观相对有限，从长远看，杭州城市绿地具有可持续性，生态功能作用还有较大的发展空间。树高分布在 2~36m 范围内，且树高与胸径呈正相关。不同立木层次树种数量相差较大，大、中、小树种之比分别为 1∶25.35∶19.45，树高呈现出与胸径相似的规律。树木种数随着立木层次的增高而递减，且树木的平均高度为 5.11m，其中 56.40%树木高度低于树木的平均高度。树种集中分布在 10m 以下的空间范围，占总数的 80.81%；树高各等级所占的比例依次为 41.63%、52.60%、4.72%、0.90%和 0.20%。说明杭州城市绿地立木层次总体高度偏低，而且层次简单，主要原因是林龄偏低，同时也说明杭州城市绿地立木具有较大的生长空间。

（二）健康状况

树木健康状况是城市绿地的重要指标，它体现了对现有树木的养护水平，反映了树木是否适合现有的立地环境，在经营管理上是否需要加强。根据调查数据及树木健康状况划分的标准，杭州城市绿地生长状态好的树木占 7.6%、生长中等的占 78.1%、生长差的占 13.7%、濒临死亡的占 0.6%。由以上数据可以看出，杭州城市绿地树木中，生长状况中等以上的占 85.7%，而生长差和濒临死亡的仅占总数的 14.3%，说明杭州市城市绿地树木生长状况良好。

综上，杭州地区的地被植物具有典型的亚热带分布特征，以常绿阔叶林型为主。现有城市绿地中树木生长状况良好，但植物群落结构的完善程度不太理想。结构层次比较单一，以乔木为主的单层景观较多，而复层景观偏少；树种相对单一，少数树种在数量上占了极大比例，在景观效果上显得相对单调，造成群落稳定性不高；杭州城市绿地的林龄不大，树木径级偏低，具有更新潜能的小径级立木较丰富，近期植物景观相对有限，从长远看，杭州市的绿地具有可持续性。

（三）物种多样性

1. 群落类型划分

以样地的植物重要值为基础数据，采用 SPSS19.0 软件中的系统聚类进行样地分类，将杭州城市绿地划分为 16 种群落类型，群落以优势种或共建种的名称命名，分别为：垂柳林、马尾松林、泡桐林、香樟+桂花林、无患子林、二球悬铃木林、桑树+构树林、桂花+无患子林、桂花林、香樟林、广玉兰林、水杉林、紫薇林、女贞林、银杏林和枫杨林。代码见表6-3。

表6-3　主要植物群落类型、名称及代码

编　号	群落名称	代　码	编　号	群落名称	代　码
1	银杏林	GBF	9	广玉兰林	MAF
2	二球悬铃木林	PAF	10	女贞林	LLF
3	水杉林	MGF	11	香樟林	GCF
4	无患子林	SMF	12	香樟+桂花林	COF
5	马尾松林	PMF	13	紫薇林	LIF
6	垂柳林	SBF	14	桂花+无患子林	OSF
7	泡桐林	PSF	15	桂花林	OFF
8	桑树+构树林	MBF	16	枫杨林	PTF

2. 不同群落类型多样性

物种多样性是生境中物种丰富度及分布均匀性的一个度量，它受生境中生物和非生物多种因素的综合影响。物种丰富度值越大说明丰富度越高。各植物群落在不同层面上，物种丰富度指数由大到小的顺序为，乔木层、灌木层、草本层。Shannon-Wiener 指数和 Simpson 指数总体趋势由大到小的顺序也为，乔木层、灌木层、草本层。Pielou 指数和 Alatalo 指数总体表现乔木层略偏高，灌木层和草本层大致相近（表6-4）。乔木层、灌木层和草本层的多样性指数均在 0~1，低于亚热带常绿阔叶林的多样性指数（4~5），这主要是因为城市绿地受人的影响较大，分布种类较少，不同树种分布不均匀。均匀度指数在各层间表现出乔木层的均匀度略偏高的规律，这主要是由于乔木树种种类少，且少数树种株数多，从而表现出群落内均匀度的差异。说明群落结构相对简单，组织水平较低。

表6-4　物种丰富度指数、多样性指数和均匀度指数码

指　数	乔木层	灌木层	草本层
H	1.07	0.99	0.72
D	0.59	0.54	0.43
S	3.96	3.94	2.70

续表

指　数	乔木层	灌木层	草本层
J_{sh}	0.85	0.77	0.74
J_{si}	0.85	0.77	0.71
E_a	0.82	0.77	0.77

由图 6-2 可见，各群落丰富度指数、Shannon-Wiener 指数和 Simpson 指数，总体趋势基本一致。以物种丰富度而论，平均每个样地仅有 4.9 种乔木层植物、4.0 种灌木层植物、2.7 种草本层植物。SBF 群落主要是乔灌草搭配的结构，所以多样性指数比较高，GBF 和 PTF 群落主要是乔木林型，且以 1~2 种乔木为主，所以多样性指数最低。16 个群落 Shannon-Wiener 指数由大到小顺序为：SBF、PMF、PSF、COF、SMF、PAF、MBF、OSF、OFF、GCF、MAF、MGF、LIF、LLF、GBF、PTF。

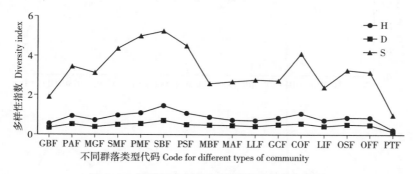

图 6-2　杭州城市绿地不同群落类型的多样性

均匀度是群落多样性研究中一个很重要的测度指标。高贤明等（2001）认为，群落内的环境基本为均质，较高的均匀度指数是群落发展到一定阶段的结果。图 6-3 显示了杭州城市绿地 16 个植物群落类型的均匀度指数值。3 个指数都反映出基本一致的趋势。不同群落均匀度由大到小顺序为：SBF、GCF、PAF、MAF、COF、OFF、OSF、LLF、SMF、PMF、MBF、LIF、GBF、PSF、MGF、PTF。可以看出，群落 SBF 和群落 GCF 均匀度较大，这主要是由于群落 SBF 和群落 GCF 样地内的乔木树种分布比较均匀，因此它们的均匀度较大。

有研究认为，Shannon-Wiener 指数对生境差异的反映更为敏感（彭少麟，1998），用物种多样性指数（Shannon-Wiener 指数和 Simpson 指数）和丰富度指数测度杭州城市绿地植物群落的多样性，都反映出基本一致的趋势，其多样性指数由大到小的顺序为：乔木层、灌木层、草本层。这与亚热带常绿阔叶林的不同生长型的多样性指数（灌木层>乔木层>草本层）的变化趋势有差异（朱圣潮，2006）。乔木层的物种丰富度和物种多样性指数最大，灌木层次之，草本层最小，这主要是因为城市绿地景观主要以乔木、灌木为主，为了保持疏林草坪式绿地的整洁和美观，养护人员不加区分地去除包括乔木层树种幼苗在内的各种地被层植物。各群落丰富度指数、Shannon-Wiener 指数和 Simpson 指数，总体趋势基本一致，SBF 多样性指数最大，其次是 PMF、PSF、COF、SMF、

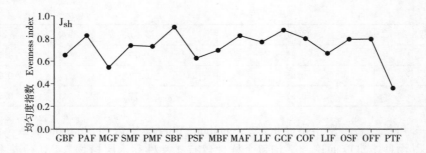

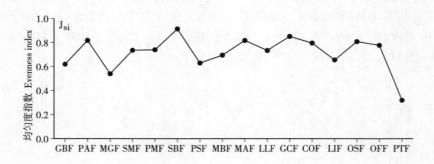

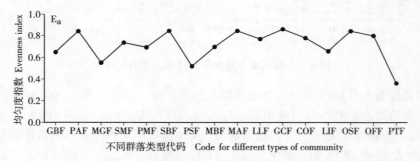

不同群落类型代码　Code for different types of community

图6-3　杭州城市绿地不同群落类型的均匀度

PAF、MBF、OSF、OFF、GCF、MAF、MGF、LIF、LLF、GBF，最小为 PTF。均匀度指数 J_{sh}、J_{si} 与 E_a，也反映出基本一致的趋势，这与马克平（1995）、高贤明（1998）的研究结果一致。

（四）杭州城市绿地建设的建议及对策

杭州城市绿地疏林草坪式的绿地所占比例过高，在调节小气候、维持碳氧平衡、净化空气、涵养水源等综合生态效，远不如郁闭度较高的乔灌草型复层结构绿地（张浩，2006）。从树木所发挥的各种效益看，大树占据着较大的优势，其所形成的森林也具有更大的效益（张艳丽，2012）。因此，首先，应加强杭州城市绿地的科学管护，结合公众休闲与环境保护的需要，采取适度粗放式的管理方式，减少人工破坏性的干扰对绿地造成的损害。其次，优化林分结构，重视当地潜在植被培育；以森林生态位的原则为指导，利用不同植物在空间、时间和营养生态位上的不同配置，采用近自然林法（张鼎华，2001），逐步改善和完善城市绿地结构体系，营建以亚热带常绿阔叶树种为主体的乔灌草型复层结构绿地，改变现有植物群落结构单一、物种丰富不够、季相变化缺乏的状况；提高城市绿地结构的稳定性和整体生态效，逐步形成具地方特色的知识型植物群落、保健型植物群落和观赏型植物群落等，进一步提高城市的环境品质。

三、杭州城市森林动态变化

图 6-4 和表 6-5 分别显示了杭州市 1990~2010 年各时期土地覆被情况和不同时期土地覆被转移矩阵。从中可以看出，从 1990~2010 年杭州市城市建成区面积不断扩张，但土地覆被均以不透水面为主，其他类型用地所占比例很小。随着杭州城市扩张，城市周边森林被纳入建成区范围内，城市森林面积也不断增加。

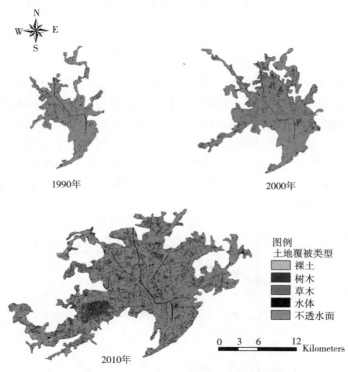

图 6-4 1990~2010 年杭州市土地覆被图

表 6-5 不同时期土地覆被转移矩阵（以 2010 年建成区边界为界）

时 期	土地覆被类型	末期树木	末期草本	末期不透水面	末期水体	末期裸土
1990~2010 年	初期树木	10.31	2.77	21.81	0.39	0.65
	初期草本	3.23	1.18	8.86	0.09	0.31
	初期不透水面	10.07	1.34	32.57	0.72	0.54
	初期水体	0.57	0.12	1.06	0.86	0.04
	初期裸土	0.51	0.18	1.69	0.02	0.10

续表

时　期	土地覆被类型	末期树木	末期草本	末期不透水面	末期水体	末期裸土
	初期树木	12.06	3.67	21.80	0.49	0.83
	初期草本	1.55	0.76	3.36	0.06	0.16
2000~2010 年	初期不透水面	10.84	1.10	40.15	0.93	0.55
	初期水体	0.17	0.05	0.34	0.60	0.03
	初期裸土	0.08	0.02	0.33	0.00	0.05

注：表中数字表示发生转化的土地覆被面积占 2010 年建成区总面积的比例（%）。

第三节　杭州城市森林保健功能的监测

一、监测点概况

根据杭州市土地利用类型分布状况，以及森林资源结构与分布状况，综合森林结构、人口密度、社会与经济环境等因素，参考杭州市遥感影像图，在杭州市各区选择了 6 个监测试点：杭州市西湖区的午潮山国家森林公园、西溪国家湿地公园和杭州植物园、拱墅区的杭州半山国家森林公园以及江干区的采荷社区，此外，选择了上城区的杭州市森林和野生动物保护管理总站社区作为对照点，如图 6-5 所示。午潮山国家森林公园代表郊野森林，杭州植物园和杭州半山国家森林公园代表城区森林，西溪国家湿地公园代表湿地森林，采荷社区代表居民区绿地。

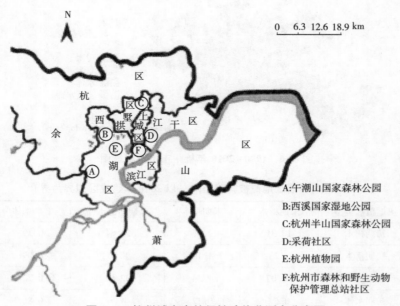

图 6-5　杭州城市森林保健功能监测点分布图

6 个监测点可以较好的代表杭州市不同类型城市森林的保健水平。每个监测点建设内容包括：观测场场地、围栏、支架、支架基座、小路、缆线敷设、防盗与防雷系统、标牌等。观测场面积要求 5m×5m，可根据具体立地条件适当增加或减小；设备支架置于监测场中央；各项建设标准依据自动气象站建设相关标准。

（一）午潮山国家森林公园

午潮山国家森林公园地处北纬 30°11′，东经 120°00′，位于杭州西郊，属天目山山脉余脉，距杭州市中心 22km，总面积 522hm²，是离杭州城区最近的国家级森林公园。午潮山因其独特的地形地貌，构成了特殊的小气候环境，温暖湿润、四季分明、夏不酷热、冬不奇寒。年平均湿度 81%，年平均温度 16.5℃。主峰海拔高度为 494.7m，是杭州最高的山峰。森林覆盖率达 93%，植被类型丰富，共有维管束植物 137 科 456 属 800 余种，其中木本植物 377 种，国家级保护树种有夏腊梅、香果树、花榈木、杜仲、天竺桂等，稀有树种有三尖杉、厚壳树、银鹊树等 20 多种。

（二）西溪国家湿地公园

西溪国家湿地公园位于杭州市城区西部，是罕见的城中次生湿地，被称为"杭州之肾"。地处北纬 30°16′，东经 120°03′，东起紫金港路西侧、西至绕城公路东侧、南起沿山河、北至文二路延伸段，总面积约为 10.08hm²。西溪湿地位处亚热带季风气候区北缘，季节交替规律明显，夏季多偏南风，冬季多偏北风，光照充足，雨量充沛，年平均气温为 16.2℃，年平均降水量为 1400mm。由于降水丰富，利于沼泽湿地的形成和发育，加上流域内平原区地势低平，地表径流不畅，且广泛分布的黏性土层阻碍地表水下渗，因而形成特殊的湿地景观。动植物资源极其丰富，其陆地绿化率在 85% 以上，维管束植物共计有 126 科 339 属 476 种（变种），其中乔木 76 种，灌木 74 种，木质藤本 17 种，草本植物 307 草质藤本 34 种；栽培植物 139 种；外来入侵种 21 种。引种的国家保护植物 5 种，银杏、杜仲、鹅掌楸、西府海棠、水杉；本地野生保护植物 3 种，野大豆、野荞麦、野菱。植被以人工及半人工植物群落为主，也有自然形成的植物群落。

（三）杭州半山国家森林公园

杭州半山国家森林公园位于杭州市城北，拱墅区东北部半山街道境内，是杭州城北唯一的大型山体。2011 年成为杭州主城区内首个国家级森林公园和"国家生态文明教育基地"。林地面积 931.81hm²，总长 23km 的游步道全线贯通。公园森林覆盖率超过 90%，拥有植物 143 科 440 属 671 种，国家级保护植物 5 种，国家二级重点保护动物 14 种。公园多年平均气温 16.5℃，年平均湿度 80% 左右，年可游天数达 300d，空气负氧离子平均 4000 个/m³，堪称杭州城区的森林氧吧，与西溪湿地、西湖并列为杭州主城区三大生态支撑。

（四）采荷社区

采荷社区是市内居民区的典型代表，地处北纬 30°15′，东经 120°11′，位于杭州市东部，是江干区政府所在地。总用地近 6.4hm²，总建筑面积 12.7hm²，总绿地面积约 1.5hm²，绿地率 30% 以上，也是近十年来相继为杭州旧城改造配套而新建的住宅小区。对其进行监测有利于研究和人们生活密切相关的绿地对环境的改善作用。植被各层组成主要有，乔木层，香樟、桂花、银杏、水杉、雪松、悬铃木、龙爪槐、枸树等；灌木层，珊瑚树、石楠、海桐、红花继木、杜鹃、瓜子黄杨、腊梅、金森女贞等；草本层，麦冬、酢浆草、狗牙根等。

（五）杭州植物园

杭州植物园创建于 1956 年，地处北纬 30°15′，东经 120°07′，属亚热带季风气候区，位于西湖区桃源岭，总面积 248.46hm²，是中国植物引种驯化的科研机构之一。园内地势西北高，东南低，中间多波形起伏。海拔 10~165m，丘陵与谷地相间，大小水池甚多，土壤属红壤和黄壤，pH 值 4.9~6.5，肥力适中。至今全园已收集国内外植物 3458 种（含品种），分别隶属于 223 科 1209 属。

（六）杭州森林和野生动物保护管理总站社区

杭州森林和野生动物保护管理总站位于杭州市上城区，地处北纬 30°14′，东经 120°06′，属于商业中心区，地段繁华，建筑物密集，主要为硬化地面，植被较少。

二、监测方法

（一）监测设备配置

主要城市森林保健功能指标包括：温湿度、风速风向、紫外线强度、空气负离子浓度、氧气含量、二氧化碳含量和噪声等。配置的仪器设备是典型传统的环境监测仪器，仪器稳定性好，采集数据精度高，便于长期的野外监测，也利于采用先进技术集成监测系统，实现远程登录、数据实时获取的功能。各设备传感器型号和种类如表 6-6 所示：

表 6-6　传感器的种类和型号

传感器类型	型　号	工作环境	测量范围	精　度
二氧化碳传感器	Vaisala GMM222	−20~65℃	0~2000ppm	±30ppm
氧气传感器	DSC−102	10%~95%RH −20~50℃	0~5%Vol	0.1%Vol
紫外辐射传感器	AV−UV3	−20~60℃	210~380nm	0.25W/m²
风向风速传感器	RM Young Wind Sentry Set03002−L	−20~50℃	0~60m/s 0~360°	±0.5m/s ±5°
温湿度传感器	Vaisala HMP155		−40~60℃ 0~100%RH	±0.2℃ ±1%RH
噪声传感器	BR−ZS1		30~130dB	±1dB
空气负离子传感器	Wimd3	0~100% RH −20~60℃	10~9×10⁸个/cm³	10 个/cm³

（二）系统组成示意图

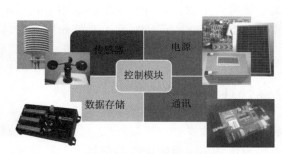

图 6-6　系统组成示意图

图 6-7　监测点照片

（三）数据采集、处理

　　各监测点数据于 2012 年 6 月开始陆续 24h 连续监测，其中负离子浓度采样间隔为 1h，其他指标采样间隔均为 15min。本研究采用 CR1000 数据采集器，扫描速率能够达到 100Hz，拥有模拟输入、脉冲计数、电压激发转换、数字等多个端口，外围接口有 CSI/O、RS-232 以及 SDM 等，采用 12VDC 外接可充电电池供电。标准的 CR1000 数据采集器包含 4M 的数据和程序存储空间，可通过外接存储模块和 CF 存储卡来实现大容量数据存储。数据和程序保存在非失意性闪存和内存里。锂电池装在内存和实时时钟上。当首选电池（BPALK，PS100）电压降至 9.6V 以下时，CR1000 也能够延缓执行操作，从而减少不准确测量的可能性。CR1000 可以通过外围设备扩展从而形成一个数据采集系统。数据采集器的主要功能是模数转换，将传感器采集到的模拟数据转换成数字数据。数据采集器的工作流程如图 6-8 所示：

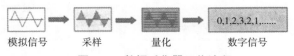

模拟信号　　　采样　　　量化　　　　数字信号
图 6-8　数据采集器工作流程

　　本研究的数据处理采用 1h 平均值。逐日变化按日、月份和季节（春季 3~5 月，夏季 6~8 月，秋季 9~11 月，冬季 12~2 月）进行统计，得出杭州城市森林各保健指标的时间分布规律。根据各监测站点位置的不同，对保健指标进行统计，探讨杭州市各城市森林类型的保健功能差异。

（四）数据分析方法

　　监测所获得的数据将运用 SPSS19.0 统计软件进行方差分析、相关分析、回归分析、通径分析、主成分分析、聚类分析等统计学分析处理。首先采用单因素方差分析来比较监测点之间各指标是否存在差异性，并按照不同城市森林类型分析负离子浓度与环境因子之间的相互关系，研究其相关类型和程度，同时进行相关系数的检验，从而确定影响杭州城市森林负离子浓度的主要因素。在此基础上采用线性回归来确定负离子浓度与环境因子之间的定量关系，从而建立一个符合相关性要求的回归方程，并进行检验。在城市森林保健功能综合评价中，通过因子分析法对监测指标进行降维，从而消除各指标间较严重的相关关系，但又尽可能反映原始指标的绝大部分信息，综合评价指数通过各因子相应的权重值来构造。最后，针对获得的杭州城市森林保健功能综合指数，通过系统聚类采用组间联接对综合指数进行分类，从而确定城市森林保健功能综合指数的评价标准，对杭州城市森林综合保健功能进行评价。

第四节　杭州城市森林保健功能评价

本研究采用指数评价法，在杭州城市森林的人体舒适度、空气富氧度、空气二氧化碳浓度、空气清洁度、减噪效应和屏蔽紫外线等单项保健功能指标评价的基础上，对杭州城市森林综合保健功能指数进行研究和评价。

一、评价指标体系

本研究的森林保健功能指标评价采用两级指数构建，其中第一级指数（综合指数）为城市森林保健功能综合指数；第二级指数（子指数）包括：气候舒适度指数、空气成分指数、噪声指数、紫外线指数、空气负离子浓度指数等类型。相关的主要监测因子包括：空气温/湿度、风速风向、氧气浓度/二氧化碳浓度、紫外线强度、空气负离子浓度和噪声强度等。

表6-7　杭州城市森林保健功能指数评价模型

综合指数	子指数类型	监测指标	监测周期	效益指标	仪器设备
杭州城市森林保健综合指数	气候舒适度指数	空气温度	实时测定	改善气候	空气温湿度传感器
		空气相对湿度			
		风速风向	实时测定	防风	风速风向仪
	空气成分指数	氧气浓度	实时测定	释放氧气	红外二氧化碳和氧气探测器
		二氧化碳浓度	实时测定	吸收二氧化碳	
	噪声指数	噪声强度	实时测定	降噪	户外环境噪声传感器
	紫外线指数	紫外线强度	实时测定	减少紫外线	紫外辐射检测仪传感器
	空气负离子浓度指数	空气负离子浓度	实时测定	释放空气负离子	负离子测定器

二、评价标准

（一）各监测指标评价方法

各监测指标的评价标准参见本书第四章第三节。

（二）杭州城市森林保健功能指数评价方法

1. 评价公式

1）数据标准化

由于各评价指标的性质不同，具有不同的单位和不同的变异程度。为了消除量纲影响和变量自身变异大小和数值大小的影响，故将数据标准化。为了更合理的反映各城市森林类型综合保健功能的水平，同时方便控制综合指数的取值范围在 0~1，本研究应用 min-max 标准化，对各单项保健功能原始数据进行线性变换，将原始数据映射在区间［0，1］中。根据指标性质的不同，分为越大越好型和越小越好型。对于越大越好型指标，用公式（a）进行标准化；对于越小越好型指标，用公式（b）进行标准化，公式为：

$$x'_{ij} = (x_{ij} - \min x_{ij})/(\max x_{ij} - \min x_{ij}) \tag{a}$$

$$x'_{ij} = (\max x_{ij} - x_{ij})/(\max x_{ij} - \min x_{ij}) \tag{b}$$

其中，$i = 1, 2, \cdots, n$；$j = 1, 2, \cdots, p$。

2）主成分和权重

城市森林保健功能综合指数（Urban Forest Health Comprehensive Index，UFHCI）各指标在综合评价模型中的权重通过 SPSS19.0 统计软件利用主成分分析法确定，6 项指标降维处理见表 6-8，综合评价指数 UFHCI 通过各成分相应的权重值来构造。

表 6-8　城市森林保健功能指标主成分得分系数矩阵

指　标	主成分			
	1	2	3	4
S（X_1）	0.746	−0.226	0.216	0.055
氧气（X_2）	0.090	−0.203	0.002	0.931
二氧化碳（X_3）	0.416	0.083	−0.042	0.139
紫外线辐射（X_4）	0.193	0.207	1.023	−0.005
噪声（X_5）	−0.201	0.682	0.227	0.080
负离子（X_6）	0.015	0.579	−0.036	−0.342
方差累计贡献率（%）	26.725	52.234	71.549	90.607

从表 6-8 可以看出，6 个指标可归为 4 个相互独立的因子，它们对总体方差的累计贡献率达到 90.607%，能较好地体现监测数据所具有的信息。根据主成分得分系数可以看出，第一主成分（F_1）主要解释气候舒适度（X_1）和二氧化碳（X_3）对 UFHCI 的作用；第二主成分（F_2）主要解释噪声（X_5）和负离子（X_6）对 UFHCI 的作用；第三主成分（F_3）主要解释辐射（X_4）对 UFHCI 的作用；第四主成分（F_4）主要解释氧气（X_2）对 UFHCI 的作用。4 个主成分的相对方差贡献率分别为 $W_1 = 48.34\%$，$W_2 = 25.49\%$，$W_3 = 13.56\%$，$W_4 = 12.61\%$。主成分得分值 F_1、F_2、F_3、F_4 与 X_1、X_2、X_3、X_4、X_5、X_6 之间存在的函数关系式分别可表示为：

$$F_1 = 0.746X_1 + 0.090X_2 + 0.416X_3 + 0.193X_4 - 0.201X_5 + 0.015X_6 \tag{c}$$

$$F_2 = -0.226X_1 - 0.203X_2 + 0.083X_3 + 0.207X_4 + 0.682X_5 + 0.579X_6 \tag{d}$$

$$F_3 = 0.216X_1 + 0.002X_2 - 0.042X_3 + 1.023X_4 + 0.227X_5 - 0.036X_6 \tag{e}$$

$$F_4 = 0.055X_1 + 0.931X_2 + 0.139X_3 - 0.005X_4 + 0.080X_5 - 0.342X_6 \quad\quad (f)$$

式中，X_1、X_2、X_3、X_4、X_5、X_6为 min-max 标准化值。

（3）城市森林保健功能综合指数（UFHCI）

各季节、月份和日变化的 UFHCI 值根据 4 个主成分的得分值及其相对方差贡献率构造，即：

$$UFHCI = W_1 \times F_1 + W_2 \times F_2 + W_3 \times F_3 + W_4 \times F_4 \quad\quad (g)$$

W_1、W_2、W_3、W_4分别为 4 个主成分 F_1、F_2、F_3、F_4的相对方差贡献率。

2. 评价标准

采用 SPSS19.0 对 UFHCI 值进行系统聚类分析，结合各单项指标的等级划分，由低至高分为 5 级，UFHCI 值越高，保健功能越好。城市森林保健功能综合指数各等级标准见表 6-9。

表 6-9　城市森林保健功能综合指数等级标准

级　别	指数范围	程　度	对人体健康影响
1	UFHCI>0.70	很　好	很有利
2	0.60<UFHCI≤0.70	好	有　利
3	0.46<UFHCI≤0.60	一　般	正　常
4	0.36<UFHCI≤0.46	差	不　利
5	UFHCI≤0.36	很　差	极不利

三、杭州城市森林保健功能评价结果

（一）综合舒适度指数变化及评价

1. 日变化

三个城市森林监测点的综合舒适度指数的日变化特征都呈现出典型的单峰式（图 6-9）。综合舒适度指数最高值出现在 5:00~6:00，最低值出现在 12:00~14:00。参考综合舒适度指数与人体感程度之间的关系（表 4-7）可知，综合舒适度指数越低，人体感觉越舒适。即在 12:00~14:00 时，感觉最舒适，而在 5:00~6:00 时，感觉最差。

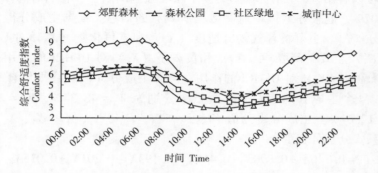

图 6-9　同一城市森林类型监测点综合舒适度指数的日变化

2. 季节变化

郊野森林监测点、森林公园监测点和社区绿地监测点在四季中，舒适度为较为舒适及以上的小时数均为冬季最少，而在其他季节的次序并不一致。郊野森林监测点是夏季>春季>秋季>冬季，森林公园监测点是夏季>秋季>春季>冬季，社区绿地监测点是春季>夏季>秋季>冬季（图6-10）。说明城市森林调节户外舒适度的生态保健功能在冬季最低。

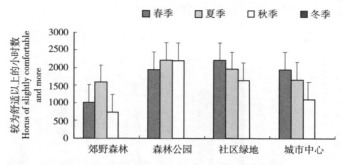

图6-10　同一城市森林类型监测点综合舒适度指数的四季变化

3. 不同城市森林类型监测点全年调节户外舒适度功能比较

参照综合舒适度指数评价标准（表4-7），森林公园监测点和社区绿地监测点在一年中舒适度为较为舒适及以上的小时数比对照点分别多1644h和1098h，郊野森林监测点在一年中，舒适度为较为舒适及以上的小时数比对照点少1276h（表6-10）。可以看出森林公园监测点和社区绿地监测点调节户外舒适度的生态保健功能较好。

表6-10　不同城市森林类型监测点全年的综合舒适度指数比较

监测点	郊野森林	森林公园	社区绿地	对照点
一年中舒适度为较舒适及以上的小时数	3304	6324	5778	4680

（二）二氧化碳浓度变化评价

1. 日变化

三个城市森林监测点的 CO_2 浓度的日变化特征均呈现出典型的单峰式（图6-11），在5:00~8:00时达到最高，之后逐渐降低，在13:00~14:00时达到最低。说明在一天

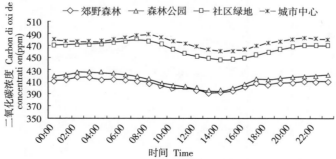

图6-11　同一城市森林类型监测点 CO_2 浓度日变化

中，13:00~14:00 时城市森林降低 CO_2 浓度的功能最好，而在 5:00~8:00 时功能发挥最差。

2. 季节变化

郊野森林监测点、森林公园监测点和社区绿地监测点 CO_2 浓度的四季变化规律基本相同，都是冬季最高，夏季最低，春秋两季次之（图6-12）。说明城市森林在夏季具有良好的降低 CO_2 浓度的生态保健功能，而在冬季相对较低。

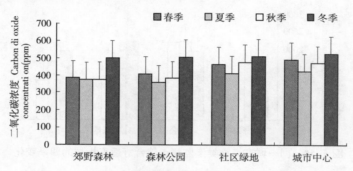

图6-12 同一城市森林类型监测点 CO_2 浓度的四季变化

3. 不同城市森林类型监测点全年降低 CO_2 浓度功能功能比较

三个城市森林监测点全年的 CO_2 平均浓度均低于对照点。郊野森林监测点和森林公园监测点全年的 CO_2 平均浓度比对照点低69ppm 和62ppm，而社区绿地监测点全年的 CO_2 平均浓度则比对照点低11ppm（表6-11）。说明城市森林具有明显的降低 CO_2 浓度的生态保健功能。

表6-11 不同城市森林类型监测点全年 CO_2 浓度平均值

监测点	郊野森林	森林公园	社区绿地	对照点
全年 CO_2 浓度平均值（ppm）	407	414	465	476

（三）空气负氧离子浓度变化评价

1. 日变化

三个城市森林监测点的空气负氧离子浓度的日变化特征都呈现出单峰式（图6-13）。

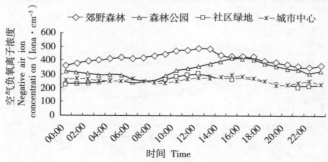

图6-13 同一城市森林类型监测点空气负氧离子浓度的日变化

但是最高值和最低值出现的时间并不十分一致。郊野森林监测点和社区绿地监测点的空气负氧离子浓度曲线在 15：00 时达到最高，在 21：00～22：00 时最低。森林公园监测点在 16：00 时最高，而在 5：00 时降至最低。

2. 季节变化

郊野森林监测点、森林公园监测点和社区绿地监测点空气负氧离子浓度的四季变化规律一致，都是夏季最高，冬季最低，春秋两季次之（图 6-14）。同样说明城市森林在夏季具有良好的增加空气负氧离子浓度的生态保健功能，而在冬季相对较差。

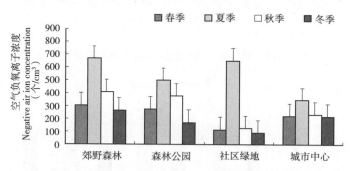

图 6-14 同一城市森林类型监测点空气负氧离子浓度的四季变化

3. 不同城市森林类型监测点全年增加空气负氧离子浓度功能功能比较

郊野森林监测点和森林公园监测点全年的空气负氧离子平均浓度比对照点分别高 157 个/cm³ 和 75 个/cm³，社区绿地监测点全年的空气负氧离子平均浓度与对照点浓度基本一致（表 6-12）。可以看出城市森林具有良好的增加空气负氧离子浓度的生态保健功能。

表 6-12 不同城市森林类型监测点全年的空气负氧离子浓度平均值

监测点	郊野森林	森林公园	社区绿地	对照点
全年空气负氧离子浓度平均值（个/cm³）	411	329	248	254

（四）噪声变化评价

1. 日变化

郊野森林监测点和森林公园监测点日变化曲线波动性不大，仅社区绿地监测点具有一定的波动性（图 6-15）。社区绿地监测点在 17：00 时达到最高，在 1：00 时降至最低。

2. 季节变化

郊野森林监测点、森林公园监测点和社区绿地监测点噪声值的四季变化并不大，也没有明显的更替规律（图 6-16）。城市森林降低噪声的生态保健功能受季节的影响不显著。

3. 不同城市森林类型监测点全年降低噪声功能比较

三个城市森林监测点全年的平均噪声值均低于对照点。郊野森林监测点和社区绿地监测点降低噪声的功能较强，其全年的平均噪声值比对照点低 10.7dB 和 8.5dB，森林公园

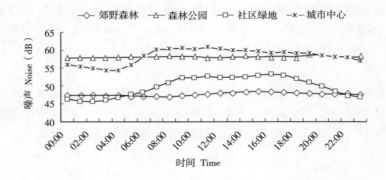

图 6-15　同一城市森林类型监测点噪声的日变化

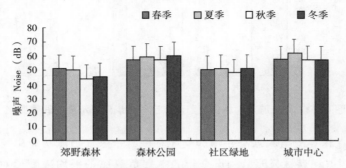

图 6-16　同一城市森林类型监测点噪声的四季变化

监测点全年的平均噪声值则比对照点仅低 0.2dB（表 6-13），这主要是由于该区域为空军战备训练区域，喷气式战斗机飞行的噪声造成了影响。但空旷地区喷气式战斗机掠过的噪声为 130~150dB，而森林公园监测点记载的最高噪声值为 69.4dB，也充证明了城市森林具有良好的降低噪声的生态保健功能。

表 6-13　不同城市森林类型监测点全年噪声平均值

监测点	郊野森林	森林公园	社区绿地	对照点
全年噪声平均值（dB）	47.6	58.1	49.8	58.3

（五）空气富氧度变化评价

1. 日变化

1）夏　季

夏季，各监测点的氧气浓度主要集中在 3 级中等水平（图 6-17），午潮山的氧气浓度在 12:00~15:00 达到 2 级较高水平。采荷社区的氧气浓度几乎无变化，呈直线状态，对照点和午潮山的氧气浓度表现出一致的变化规律，呈单峰曲线分布，6:00~16:00 相对较高，但在中午前后偏低。这主要是因为夏季光照强烈，植物出现光合午休现象。早晨光合速率较低，随着温度和光强的上升，光合速率逐渐增高，空气中氧气含量逐渐增加。而在 12:00~13:00，随着光合有效辐射的增强和温度的加剧，大气湿度降低，从而加剧了植物蒸腾的失水，植物气孔导度降低，气孔限制值增大，胞间 CO_2 浓度降低，植物出现光合午休现象，这是植物在长期进化过程中适应干旱环境而产生的一种生理现象，因此中午前后氧气浓度偏低。

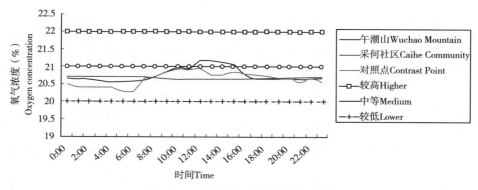

图 6-17 夏季氧气浓度日均值变化

氧气浓度等级变化特征表现为：午潮山（20.76%）＞采荷社区（20.69%）＞对照点（20.64%），说明，夏季午潮山的氧分压相对较高。差异显著性分析表明（表 6-14 和表 6-15），夏季监测点之间空气氧气含量存在显著差异（$P<0.05$），其中对照点与午潮山差异显著（$P<0.05$），与采荷社区差异不显著；而午潮山与采荷社区显著差异（$P<0.05$）。

表 6-14 夏季氧气浓度单因素方差分析

差异源	平方和	df	均 方	F	显著性 P
组间	0.85	2	0.42	15.26	0.000
组内	1.92	69	0.03		
总数	2.76	71			

表 6-15 夏季氧气浓度多重比较

（I）监测点	（J）监测点	均值差（I-J）	标准误	显著性 P	95%置信区间 下限	95%置信区间 上限
对照点 CP	午潮山 WM	0.20*	0.05	0.000	0.11	0.30
	采荷社区 CC	-0.04	0.05	0.364	-0.14	0.05
午潮山 WM	对照点 CP	-0.20*	0.05	0.000	-0.30	-0.11
	采荷社区 CC	-0.25*	0.05	0.000	-0.34	-0.15
采荷社区 CC	对照点 CP	0.04	0.05	0.364	-0.05	0.14
	午潮山 WM	0.25*	0.05	0.000	0.15	0.34

2）秋 季

由图 6-18 可知，秋季，午潮山氧气浓度变化呈单峰曲线，13：00 达到最高浓度22.82%。9：00 以前处于 3 级中等水平和较高水平，9：00~15：00 浓度上升至 1 级高水平阶段，15：00 以后浓度下降，又处于较高水平和中等水平阶段。其余监测点的变化范围不大，对照点基本处于 3 级中等标准限值附近，采荷社区和植物园均在 3 级中等标准以内，西溪湿地的氧气浓度超过 21%，达到较高水平。

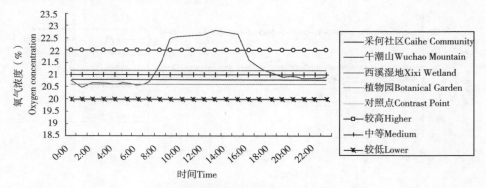

图 6-18 秋季氧气浓度日均值变化

氧气浓度等级变化特征表现为：午潮山（21.39%）>西溪湿地（21.18%）>采荷社区（20.79%）>植物园（20.60%）>对照点（19.98%）。说明，郊野森林中的氧气含量明显高于其他城市森林环境，近自然森林可以有效地增加空气中的氧气浓度。空气中氧气的含量一般占空气体积的 20.95%，午潮山和西溪湿地空气中氧气平均含量分别超出正常空气中氧气浓度的 0.44 和 0.23 个百分点，充分说明了午潮山和西溪湿地是天然大"氧吧"。

差异显著性分析表明（表 6-16 和表 6-17），秋季，监测点之间空气氧气含量存在显著差异（$P<0.05$），其中对照点与午潮山、西溪湿地、植物园和采荷社区差异显著（$P<0.05$）；采荷社区与午潮山和西溪湿地差异显著（$P<0.05$），与植物差异不显著；午潮山与植物园差异显著（$P<0.05$），与西溪湿地差异不显著；西溪湿地与植物园差异显著（$P<0.05$）。

表 6-16 秋季氧气浓度单因素方差分析

差异源	平方和	df	均　　方	F	显著性 P
组　间	29.12	4	7.28	48.74	0.000
组　内	17.18	115	0.15		
总　数	46.29	119			

表 6-17 秋季氧气浓度多重比较

（I）监测点	（J）监测点	均值差 (I-J)	标准误	显著性 P	95%置信区间 下　限	95%置信区间 上　限
对照点 CP	采荷社区 CC	−0.81*	0.11	0.000	−1.04	−0.59
	午潮山 WM	−1.41*	0.11	0.000	−1.63	−1.19
	西溪湿地 XW	−1.21*	0.11	0.000	−1.43	−0.99
	植物园 BG	−0.62*	0.11	0.000	−0.85	−0.40

续表

（I）监测点	（J）监测点	均值差（I-J）	标准误	显著性 P	95%置信区间 下限	95%置信区间 上限
采荷社区 CC	对照点 CP	0.81*	0.11	0.000	0.59	1.04
	午潮山 WM	-0.60*	0.11	0.000	-0.82	-0.38
	西溪湿地 XW	-0.39*	0.11	0.001	-0.61	-0.17
	植物园 BG	0.19	0.11	0.092	-0.03	0.41
午潮山 WM	对照点 CP	1.41*	0.11	0.000	1.19	1.63
	采荷社区 CC	0.60*	0.11	0.000	0.38	0.82
	西溪湿地 XW	0.21	0.11	0.069	-0.02	0.43
	植物园 BG	0.79*	0.11	0.000	0.57	1.01
西溪湿地 XW	对照点 CP	1.21*	0.11	0.000	0.99	1.43
	采荷社区 CC	0.39*	0.11	0.001	0.17	0.61
	午潮山 WM	-0.21	0.11	0.069	-0.43	0.02
	植物园 BG	0.58*	0.11	0.000	0.36	0.80
植物园 BG	对照点 CP	0.63*	0.11	0.000	0.41	0.85
	采荷社区 CC	-0.19	0.11	0.092	-0.41	0.03
	午潮山 WM	-0.79*	0.11	0.000	-1.01	-0.57
	西溪湿地 XW	-0.58*	0.11	0.000	-0.80	-0.36

3）冬　季

由图6-19可知，冬季，午潮山氧气浓度变化规律与秋季一致，也呈单峰曲线，在13:00均值达到最高浓度22.82%。9:00以前氧气浓度基本处于较高水平，9:00~16:00浓度上升，达到1级高水平，16:00以后浓度下降，又回落到较高水平，午后的浓度明显高于午前的浓度，可能是由于光合有效辐射变化所引起的。其他4个监测点的变化比较平缓，变化幅度不大。对照点空气中氧气含量略高于3级较低水平限值，西溪湿地和采荷社区空气中的氧气含量基本达到较高水平，植物园空气中的氧气浓度接近较高水平标准。总体而言，氧气浓度等级变化特征表现为：午潮山（21.76%）＞西溪湿地（21.09%）＞采

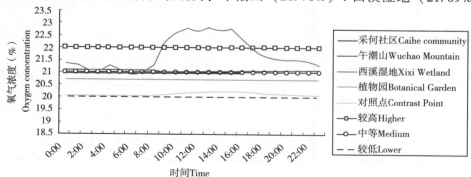

图6-19　冬季氧气浓度日均值变化

荷社区（20.98%）>植物园（20.73%）>对照点（20.11%）。不同类型的城市森林对空气中氧气含量的增加作用也有所不同，午潮山和西溪湿地的氧分压都较高，属于天然森林的午潮山和有大量水域面积的西溪湿地更加有助于提高空气中的氧气含量。

差异显著性分析表明（表6-18和表6-19），冬季监测点之间空气的氧气含量存在显著差异（$P<0.05$），对照点、午潮山、西溪湿地、植物园以及采荷社区之间均存在显著差异（$P<0.05$）。

表6-18　冬季氧气浓度单因素方差分析

差异源	平方和	df	均　方	F	显著性 P
组　间	34.12	4	8.53	96.15	0.000
组　内	10.20	115	0.09		
总　数	44.33	119			

表6-19　冬季氧气浓度多重比较

（I）监测点	（J）监测点	均值差（I-J）	标准误	显著性 P	95%置信区间 下　限	95%置信区间 上　限
对照点 CP	采荷社区 CC	−0.87*	0.09	0.000	−1.04	−0.70
	午潮山 WM	−1.65*	0.09	0.000	−1.82	−1.48
	西溪湿地 XW	−0.97*	0.09	0.000	−1.14	−0.80
	植物园 BG	−0.61*	0.09	0.000	−0.78	−0.44
采荷社区 CC	对照点 CP	0.87*	0.09	0.000	0.70	1.04
	午潮山 WM	−0.789*	0.09	0.000	−0.95	−0.61
	西溪湿地 XW	−0.11	0.09	0.212	−0.28	0.06
	植物园 BG	0.25*	0.09	0.004	0.08	0.42
午潮山 WM	对照点 CP	1.65*	0.09	0.000	1.48	1.82
	采荷社区 CC	0.78*	0.09	0.000	0.61	0.95
	西溪湿地 XW	0.67*	0.09	0.000	0.50	0.84
	植物园 BG	1.03*	0.09	0.000	0.86	1.20
西溪湿地 XW	对照点 CP	0.97*	0.09	0.000	0.80	1.14
	采荷社区 CC	0.11	0.09	0.212	−0.06	0.28
	午潮山 WM	−0.67*	0.09	0.000	−0.84	−0.50
	植物园 BG	0.36*	0.09	0.000	0.19	0.53
植物园 BG	对照点 CP	0.61*	0.09	0.000	0.44	0.78
	采荷社区 CC	−0.25*	0.09	0.004	−0.42	−0.08
	午潮山 WM	−1.03*	0.09	0.000	−1.20	−0.86
	西溪湿地 XW	−0.36*	0.09	0.000	−0.53	−0.19

4）春　季

由图6-20可知，春季，午潮山氧气浓度变化规律与秋冬季一致，也呈单峰曲线，在

16：00 达到最高浓度 21.56%，8：00 以前氧气浓度较低，8：00～16：00 浓度相对较高，16：00 以后浓度下降，午后的浓度也明显高于午前的浓度，全天氧气浓度处于 2 级较高水平。其他监测点的变化比较平缓，变化幅度不大。对照点空气中氧气含量已经处于 5 级低水平，西溪湿地和采荷社区空气中的氧气含量基本处于 2 级较高水平限值附近，植物园空气中的氧气浓度处于 3 级中等水平。

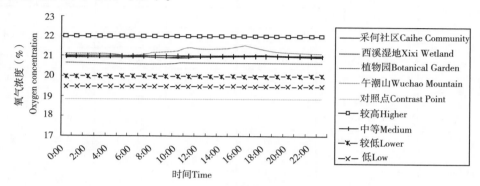

图 6-20　春季氧气浓度日均值变化

氧气浓度等级变化特征表现为：午潮山（21.24%）>西溪湿地（21.01%）>采荷社区（20.96%）>植物园（20.65%）>对照点（18.85%）。总体而言，春季氧气浓度比夏季高，但都低于秋冬两季，对照点一年四季在夏季的氧气浓度最低。春季大部分植物处于放叶、展叶阶段，叶龄较低，树木叶片的各项功能还不完善，生理代谢功能较弱，且新组织的形成常伴随着较强的呼吸作用，因此光合速率较低，因而春季氧气浓度偏低。监测期间发现对照点在 3 月上旬，空气中氧气浓度介于 19.89%～20.59%，从中旬开始，氧气浓度迅速下降，降幅达至 1 个百分点，对照点处于商业中心，植被很少，所以与植物的生理活动关系不大，具体原因尚不明确。通过以上分析，可以看出，杭州城市森林环境中午潮山氧气浓度均高于正常空气中氧气浓度，超出正常水平 0.29 个百分点，表明午潮山森林公园是名副其实的大 "氧吧"。同时作为人流较多的区域，采荷社区氧气含量高于对照点，略高于正常空气的含量，说明居住区的绿化能显著改善微环境空气成分。而植物园的氧气含量较低，与植物生理活动有关。

差异显著性分析表明（表 6-20 和表 6-21），春季监测点之间空气氧气含量存在显著差异（$P<0.05$），对照点对照点、午潮山、西溪湿地、植物园以及采荷社区之间均存在显著差异（$P<0.05$）。

表 6-20　春季氧气浓度单因素方差分析

差异源	平方和	df	均　　方	F	显著性 P
组　间	90.34	4	22.59	4728.22	0.000
组　内	0.55	115	0.01		
总　数	90.89	119			

表 6-21   春季氧气浓度多重比较

(I) 监测点	(J) 监测点	均值差 (I−J)	标准误	显著性 P	95%置信区间	
					下 限	上 限
采荷社区 CC	西溪湿地 XW	−0.05*	0.02	0.010	−0.09	−0.01
	植物园 BG	0.31*	0.02	0.000	0.27	0.35
	对照点 CP	2.1*	0.02	0.000	2.07	2.15
	午潮山 WM	−0.28*	0.02	0.000	−0.32	−0.24
西溪湿地 XW	采荷社区 CC	0.05*	0.02	0.010	0.01	0.09
	植物园 BG	0.36*	0.02	0.000	0.32	0.40
	对照点 CP	2.17*	0.02	0.000	2.13	2.21
	午潮山 WM	−0.22*	0.02	0.000	−0.26	−0.19
植物园 BG	采荷社区 CC	−0.31*	0.02	0.000	−0.35	−0.27
	西溪湿地 XW	−0.36*	0.02	0.000	−0.40	−0.32
	对照点 CP	1.80*	0.02	0.000	1.76	1.84
	午潮山 WM	−0.59*	0.02	0.000	−0.63	−0.55
对照点 CP	采荷社区 CC	−2.11*	0.02	0.000	−2.15	−2.07
	西溪湿地 XW	−2.17*	0.02	0.000	−2.21	−2.13
	植物园 BG	−1.80*	0.02	0.000	−1.84	−1.76
	午潮山 WM	−2.39*	0.02	0.000	−2.43	−2.35
午潮山 WM	采荷社区 CC	0.28*	0.02	0.000	0.24	0.32
	西溪湿地 XW	0.22*	0.02	0.000	0.19	0.26
	植物园 BG	0.58*	0.02	0.000	0.55	0.63
	对照点 CP	2.39*	0.02	0.000	2.35	2.43

2. 月变化

在 2012 年 6 月~2013 年 4 月，杭州城市森林氧气浓度月变化如表 6-22 所示。对照点的氧气浓度月均值大致随着温度的降低而下降，其余 4 个监测点的氧气浓度月均值大致表现为随着温度的降低而增加。午潮山在 11~2 月氧气浓度接近或超过 1 级高浓度水平，最大值出现在 2 月，为 22.14%。9~10 月和 3~4 月氧气浓度处于 2 级较高水平，6~8 月为中等水平。西溪湿地的氧气浓度一直处于 2 级较高水平。采荷社区和植物园在监测期间基本处于 3 级中等水平浓度。对照点在 10~11 月空气含氧量已经为 4 级较低水平，3~4 月降为 5 级低水平。

在所有测定月份内，4 个监测点的氧气浓度均高于对照点，但不同监测点的年均值与对照点之间的浓度差距有所差异。午潮山的差距较大，为 1.40%，西溪湿地次之，为 1.07%，采荷社区居中，为 0.79%，植物园的差距最小，为 0.60%。与正常空气的氧气浓度相比，2012 年 6 月~2013 年 4 月午潮山和西溪湿地有 8 个月超过正常空气浓度，采荷社区有 5 个月超过正常空气浓度，对照点和植物园在正常空气浓度以下。

表 6-22　不同月份氧气浓度等级①

监测点		2012 年							2013 年			
		6 月	7 月	8 月	9 月	10 月	11 月	12 月	1 月	2 月	3 月	4 月
对照点	浓度	20.39	20.71	20.8	20.30	19.98	19.95	20.11	20.09	20.14	19.05	18.65
CP	等级	3	3	3	3	4	4	3	3	3	5	5
采荷社区	浓度	20.48	20.88	20.66	20.71	20.79	20.87	20.97	21.00	20.96	20.96	20.96
CC	等级	3	3	3	3	3	3	3	2	3	3	3
午潮山	浓度	20.93	20.71	20.68	21.06	21.66	22.06	21.99	22.10	22.14	21.18	21.28
WM	等级	3	3	3	2	2	1	2	1	1	2	2
西溪湿地	浓度	—	—	—	21.13	21.18	21.25	21.08	21.09	21.08	21.03	21.00
XW	等级	—	—	—	2	2	2	2	2	2	2	2
植物园	浓度	—	—	—	20.44	20.50	20.60	20.73	20.75	20.70	20.66	20.64
BG	等级	—	—	—	3	3	3	3	3	3	3	3

注：①氧气浓度单位%。

3. 季节变化

杭州城市森林氧气浓度季均值如表 6-23 所示。从表 6-23 可以看出氧气浓度有明显的季节变化特征。冬季氧气浓度最高，秋季次之，春季居中，夏季氧气浓度最低。监测点之间比较发现，一年四季午潮山的氧分压都最高，其次是西溪湿地、采荷社区和植物园，对照点氧气含量最低。夏季，各监测点氧气浓度在 20%~21%，均在 3 级中等浓度的范围内。秋季，午潮山和西溪湿地的浓度在 21%~22%，处于 2 级较高水平，其余 4 个监测点氧气浓度介于中等水平。冬季，午潮山的氧气浓度超过 22%，达到 1 级水平，西溪湿地的氧气浓度达到 2 级较高水平，其余 3 个监测点处于中等水平浓度。春季，午潮山和西溪湿地浓度达到 21% 的较高水平，采荷社区和植物园为中等水平，对照点为 5 级低水平。年度综合比较及差异显著性分析的结果表明，春夏秋冬 4 个季节的氧气浓度差异显著（$P<0.05$）。

表 6-23　不同季节氧气浓度等级①

监测点		季 节			
		夏 季	秋 季	冬 季	春 季
对照点 CP	浓 度	20.63 (0.26)	20.08 (0.19)	20.11 (0.03)	18.85 (0.20)
	等 级	3	3	3	5
采荷社区 CC	浓 度	20.67 (0.12)	20.79 (0.08)	20.98 (0.02)	20.96 (0.02)
	等 级	3	3	3	3
午潮山 WM	浓 度	20.77 (0.13)	21.60 (0.50)	22.07 (0.08)	21.23 (0.18)
	等 级	3	2	1	2

续表

监测点		季　节			
		夏　季	秋　季	冬　季	春　季
西溪湿地 XW	浓度	—	21.18 (0.06)	21.09 (0.01)	21.01 (0.03)
	等级	—	2	2	2
植物园 BG	浓度	—	20.52 (0.08)	20.73 (0.03)	20.65 (0.02)
	等级	—	3	3	3

注：①氧气浓度单位为%，括号内数字为标准差。

4. 小　结

（1）氧气浓度的日变化特征因季节变化的差异不大。午潮山氧气浓度变化均呈单峰曲线，峰值集中在 12:00～13:00，其他监测点氧气浓度波动很小，变化趋势基本呈直线。夏季，各监测点的氧气浓度主要集中在 3 级中等水平，午潮山的氧气浓度在 120:00～15:00 达到 2 级较高水平。秋季，午潮山氧气浓度 9:00～15:00 上升至高水平，其余均介于较高水平和中等水平；对照点基本处于 3 级中等标准限值附近；采荷社区和植物园均在 3 级中等标准以内；西溪湿地的氧气浓度达到较高水平。冬季，午潮山氧气浓度 9:00～16:00 浓度达到高水平，其余均为较高水平；对照点空气中氧气含量略高于 3 级较低水平限值，西溪湿地和采荷社区空气中的氧气含量基本达到较高水平，植物园空气中的氧气浓度接近较高水平标准。春季，午潮山全天氧气浓度处于 2 级较高水平；对照点空气中氧气含量已经处于 5 级低水平；西溪湿地和采荷社区空气中的氧气含量基本处于 2 级较高水平限值附近；植物园空气中的氧气浓度处于 3 级中等水平。

（2）杭州城市森林空气含氧量具有明显的空间分布特征。春季，氧气浓度等级变化特征表现为，午潮山>西溪湿地>采荷社区>植物园>对照点。夏季，氧气浓度等级变化特征表现为，午潮山>采荷社区>对照点。秋季，氧气浓度等级变化特征表现为，午潮山>西溪湿地>采荷社区>植物园>对照点。冬季，氧气浓度等级变化特征表现为，午潮山>西溪湿地>采荷社区>植物园>对照点。差异显著性分析的结果表明，监测点空气含氧量与对照点之间存在显著性差异。表明森林植被区空气中氧分压更高，更适合人们休闲健身。

（3）在所有测定月份内，但不同监测点的月均值与对照点之间的浓度差距有所差异。午潮山的差距较大，西溪湿地次之，采荷社区居中，植物园的差距最小。与正常空气的氧气浓度相比，2012 年 6 月～2013 年 4 月午潮山和西溪湿地有 8 个月超过正常空气浓度，采荷社区有 5 个月超过正常空气浓度，植物园和对照点在正常空气浓度以下，月均值多在夏季低于正常空气浓度，可见午潮山和西溪湿地属于富氧环境的时间较长，是一个天然大"氧吧"。

（4）在季节分布上，杭州城市森林氧气浓度具有明显的季节性变化特征。氧分压比较高且持续时间较长的是冬季，其次为秋季和春季，夏季最低。监测点中以午潮山的氧气浓度最高，其次是西溪湿地、采荷社区和植物园，对照点最低。年度综合比较及差异显著性分析的结果表明，春夏秋冬 4 个季节的氧气浓度差异显著。

（六）紫外辐射变化评价

1. 日变化

1）夏 季

从图 6-21 可以看出，夏季，紫外线辐射强度具有明显的日变化特征，随时间呈钟型曲线分布，清晨及傍晚辐射最低，强度最弱；正午辐射强度最高，达到最强。早晨 6:00 以前紫外线辐射强度基本为 0，6:00 开始随着太阳辐射量的增加，紫外线辐射强度也显著增加，直至中午前后达到峰值，辐射最强，午潮山的峰值出现在 13:00 为 69.28W/m²，对照点的峰值出现在 12:00 为 55.96W/m²，采荷社区的峰值出现在 11:00 为 20.31W/m²。之后又开始逐渐降低，19:00 以后辐射基本为 0，这与每天太阳高度角的变化有较好的一致性。

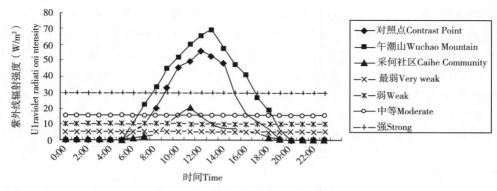

图 6-21 夏季紫外线辐射强度时均值变化

紫外线辐射强度日变幅较大，从接近 0 到近 70W/m²，变幅为 69.07W/m²。平均日较差午潮山较大，其次是对照点，采荷社区最低，分别为 69.07W/m²、55.75W/m² 和 20.00W/m²。紫外线辐射强度日均值水平为：午潮山（23.18W/m²）>对照点（16.10W/m²）>采荷社区（4.38W/m²）。因为午潮山海拔高，所以紫外辐射量较大，对照点的仪器安装在离地面三层楼的高度，采荷社区的监测点安装在近地面，加之区域内林冠的遮阴作用，所以紫外辐射量最低。差异显著性分析表明（表 6-24 和表 6-25），夏季，监测点之间紫外线辐射强度存在显著差异（$P<0.05$），其中午潮山与采荷社区差异显著（$P<0.05$），与对照点差异不显著；采荷社区和对照点差异显著（$P<0.05$）。

表 6-24 紫外辐射强度单因素方差分析

差异源	平方和	df	均 方	F	显著性 P
组 间	4330.05	2.0	2165.02	6.05	0.004
组 内	24694.00	69.0	357.88		
总 数	29024.05	71.0			

表 6-25　紫外辐射强度多重比较

（I）监测点	（J）监测点	均值差（I-J）	标准误	显著性 P	95%置信区间 下 限	95%置信区间 上 限
午潮山 WM	采荷社区 CC	18.80*	5.46	0.001	7.91	29.70
	对照点 CP	7.08	5.46	0.199	-3.82	17.97
采荷社区 CC	午潮山 WM	-18.81*	5.46	0.001	-29.70	-7.91
	对照点 CP	-11.73*	5.46	0.035	-22.62	-0.83
对照点 CP	午潮山 WM	-7.08	5.46	0.199	-17.97	3.82
	采荷社区 CC	11.73*	5.46	0.035	0.83	22.62

　　按照紫外线辐射强度评价标准，夏季，对照点在 8：00~16：00 紫外线辐射强度达到强甚至很强的程度，特别是 9：00~14：00 紫外线辐射强度非常强，在 20min 以内就会对人体造成影响；凌晨 5：00 以前和傍晚 19：00 以后，辐射强度最弱；6：00~7：00 和 17：00~18：00 辐射较弱。午潮山在 7：00~18：00 辐射强度达到强和很强的程度，特别是 8：00~16：00 辐射相当强；在凌晨 5：00 以前和傍晚 20：00 以后，辐射强度最弱；6：00 和 19：00 介于弱和中等的过渡阶段。采荷社区的辐射相对较弱，仅 10：00~11：00 达到强的程度，8：00 之前和 16：00 之后辐射最弱，9：00 和 12：00~15：00 辐射强度介于弱和中等之间。总体来看午潮山紫外线辐射强且持续之间较长，其次是对照点，采荷社区最弱。

　　2）秋　季

　　由图 6-22 可知，秋季，紫外线辐射强度比夏季整体减弱，也随时间呈钟型曲线分布，清晨及傍晚辐射最低，正午辐射量强度最高，变幅在 0~42.32W/m²。峰值集中在 11：00~13：00，其中午潮山的峰值出现最早 11：00，对照点和采荷社区晚一个小时 12：00，西溪湿地和植物园出现在 13：00。日较差午潮山最大，为 39.5W/m²，其次是对照点，为 18.41W/m²，采荷社区、西溪湿地和植物园的日较差较小，分别为 6.17W/m²、5.10W/m² 和 0.47W/m²。

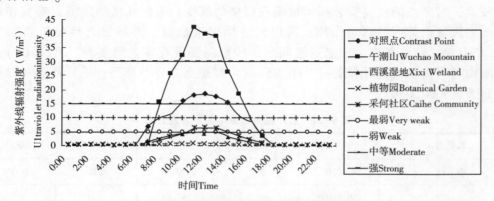

图 6-22　秋季紫外线辐射强度时均值变化

　　秋季，紫外线辐射强度日均值水平为：午潮山（10.68W/m²）>对照点（5.81W/m²）

>采荷社区（1.89W/m²）>西溪湿地（1.48W/m²）>植物园（0.54W/m²）。差异显著性分析表明（表6-26和表6-27），秋季，监测点之间紫外线辐射强度存在显著差异（$P<0.05$），其中午潮山与采荷社区、西溪湿地、植物园和对照点差异显著（$P<0.05$）；西溪湿地与植物园和采荷社区差异不显著，与对照点差异显著（$P<0.05$）；植物园与采荷社区差异不显著，与对照点差异显著（$P<0.05$）。

秋季，植物园、西溪湿地和采荷社区的紫外线辐射强度几乎也都很弱；午潮山在8:00~16:00紫外线辐射达到中等、强甚至很强，其余时间辐射都较弱；对照点在8:00~15:00达到中等、强甚至很强，其余时间辐射都较弱。

表6-26 紫外辐射强度单因素方差分析

差异源	平方和	df	均　方	F	显著性 P
组　间	1696.60	4	424.15	7.44	0.000
组　内	6559.65	115	57.04		
总　数	8256.25	119			

表6-27 紫外辐射强度多重比较

（I）监测点	（J）监测点	均值差（I-J）	标准误	显著性 P	95%置信区间 下　限	95%置信区间 上　限
午潮山 WM	西溪湿地 XW	9.20*	2.18	0.000	4.89	13.52
	植物园 BG	10.15*	2.18	0.000	5.83	14.46
	采荷社区 CC	8.79*	2.18	0.000	4.47	13.11
	对照点 CP	4.87*	2.18	0.027	0.55	9.19
西溪湿地 XW	午潮山 WM	-9.20*	2.18	0.000	-13.52	-4.89
	植物园 BG	0.94	2.18	0.667	-3.38	5.26
	采荷社区 CC	-0.41	2.18	0.849	-4.73	3.90
	对照点 CP	-4.33*	2.18	0.049	-8.65	-0.01
植物园 BG	午潮山 WM	-10.15*	2.18	0.000	-14.46	-5.83
	西溪湿地 XW	-0.94	2.18	0.667	-5.26	3.38
	采荷社区 CC	-1.36	2.18	0.535	-5.67	2.96
	对照点 CP	-5.27*	2.18	0.017	-9.59	-0.95
采荷社区 CC	午潮山 WM	-8.79*	2.18	0.000	-13.11	-4.47
	西溪湿地 XW	0.42	2.18	0.849	-3.90	4.73
	植物园 BG	1.36	2.18	0.535	-2.96	5.67
	对照点 CP	-3.92	2.18	0.075	-8.24	0.40
对照点 CP	午潮山 WM	-4.87*	2.18	0.027	-9.19	-0.55
	西溪湿地 XW	4.338*	2.18	0.049	0.01	8.65
	植物园 BG	5.27*	2.18	0.017	0.95	9.59
	采荷社区 CC	3.92	2.18	0.075	-0.40	8.24

3）冬 季

由图 6-23 可知，冬季，紫外线辐射强度比 3 个季节都弱，变化趋势也随时间呈钟型曲线分布，清晨及傍晚辐射最低，正午辐射量强度最高，变幅在 $0 \sim 20.62 \text{W/m}^2$。峰值集中在 11:00~13:00，其中植物园的峰值出现最早 11:00，午潮山、对照点和采荷社区晚一个小时 12:00，西溪湿地出现在 13:00。日较差午潮山最大，为 20.39W/m^2，其次是对照点，为 10.10W/m^2，西溪湿地、采荷社区和植物园的日较差较小，分别为 4.51W/m^2、3.80W/m^2 和 0.47W/m^2。

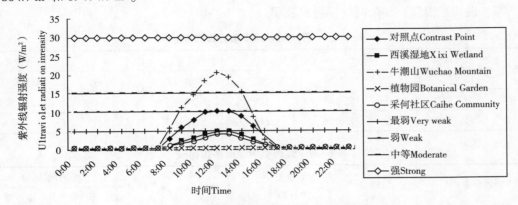

图 6-23 冬季紫外线辐射强度时均值变化

冬季，紫外线辐射强度日均值水平为：午潮山（5.05W/m^2）>对照点（3.00W/m^2）>西溪湿地（1.36W/m^2）>采荷社区（1.15W/m^2）>植物园（0.52W/m^2）。差异显著性分析表明（表 6-28 和表 6-29），冬季，监测点之间紫外线辐射强度存在显著差异（$P<0.05$），其中对照点与午潮山和植物园差异显著（$P<0.05$），与西溪湿地和采荷社区差异不显著；西溪湿地与午潮山差异显著（$P<0.05$），与植物园和采荷社区差异不显著；午潮山与植物园和采荷社区差异显著（$P<0.05$）；植物园和采荷社区差异不显著。

表 6-28 紫外辐射强度单因素方差分析

差异源	平方和	df	均 方	F	显著性 P
组 间	317.47	4	79.37	5.50	0.000
组 内	1660.67	115	14.44		
总 数	1978.14	119			

表 6-29 紫外辐射强度多重比较

(I) 监测点	(J) 监测点	均值差 (I-J)	标准误	显著性 P	95%置信区间 下 限	上 限
对照点 CP	西溪湿地 XW	1.51	1.10	0.172	−0.67	3.68
	午潮山 WM	−2.18*	1.10	0.049	−4.35	−0.01
	植物园 BG	2.36*	1.10	0.034	0.18	4.53
	采荷社区 CC	1.72	1.10	0.119	−0.45	3.89

续表

（I）监测点	（J）监测点	均值差（I-J）	标准误	显著性 P	95%置信区间 下 限	95%置信区间 上 限
西溪湿地 XW	对照点 CP	-1.51	1.10	0.172	-3.68	0.67
	午潮山 WM	-3.69*	1.10	0.001	-5.86	-1.52
	植物园 BG	0.85	1.10	0.441	-1.32	3.02
	采荷社区 CC	0.21	1.10	0.846	-1.96	2.39
午潮山 WM	对照点 CP	2.18*	1.10	0.049	0.01	4.35
	西溪湿地 XW	3.69*	1.10	0.001	1.52	5.86
	植物园 BG	4.54*	1.10	0.000	2.36	6.71
	采荷社区 CC	3.90*	1.10	0.001	1.73	6.08
植物园 BG	对照点 CP	-2.36*	1.10	0.034	-4.53	-0.18
	西溪湿地 XW	-0.85	1.10	0.441	-3.02	1.32
	午潮山 WM	-4.54*	1.10	0.000	-6.71	-2.36
	采荷社区 CC	-0.63	1.10	0.564	-2.81	1.54
采荷社区 CC	对照点 CP	-1.72	1.10	0.119	-3.89	0.45
	西溪湿地 XW	-0.21	1.10	0.846	-2.39	1.96
	午潮山 WM	-3.90*	1.10	0.001	-6.08	-1.73
	植物园 BG	0.63	1.10	0.564	-1.54	2.81

冬季，植物园、西溪湿地和采荷社区的紫外线辐射强度也都很弱；午潮山在 9：00～14：00 紫外线辐射介于中等和强之间，其余时间辐射都较弱；对照点整天辐射都比较弱。

4）春 季

由图 6-24 可知，春季，紫外线辐射强度比秋冬两季较强，但低于夏季。变化趋势也随时间呈钟型曲线分布，清晨及傍晚辐射最低，正午辐射量强度最高，变幅在 0～40.45W/m²。峰值集中在 11：00～13：00，其中西溪湿地的峰值出现最早 11：00，午潮山、植物园和采荷社区晚一个小时 12：00，对照点出现在 13：00。日较差午潮山最大，为

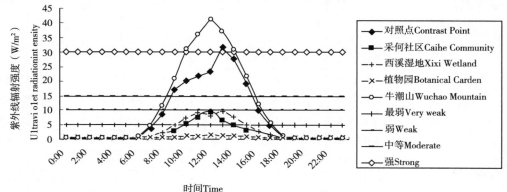

图 6-24 春季紫外线辐射强度时均值变化

41.02W/m²，其次是对照点，为 31.51W/m²，西溪湿地、采荷社区和植物园的日较差较小，分别为 9.55W/m²、9.02W/m²和 1.16W/m²。

春季，紫外线辐射强度日均值水平为：午潮山（10.84W/m²）>对照点（8.08W/m²）>西溪湿地（2.69W/m²）>采荷社区（2.18W/m²）>植物园（0.71W/m²）。差异显著性分析表明（表6-30和表6-31），春季，监测点之间紫外线辐射强度存在显著差异（$P<0.05$），其中对照点与西溪湿地、采荷社区和植物园差异显著（$P<0.05$），与午潮山差异不显著；午潮山与西溪湿地、植物园和采荷社区差异显著（$P<0.05$）；西溪湿地与植物园和采荷社区差异不显著；植物园和采荷差异不显著。

表6-30　春季紫外线辐射强度单因素方差分析

差异源	平方和	df	均　方	F	显著性 P
组　间	1807.16	4	451.79	6.80	0.000
组　内	7646.53	115	66.49		
总　数	9453.69	119			

表6-31　春季紫外线辐射强度多重比较

（I）监测点	（J）监测点	均值差（I-J）	标准误	显著性 P	95%置信区间 下限	95%置信区间 上限
采荷社区 CC	西溪湿地 XW	-0.51	2.35	0.828	-5.17	4.15
	植物园 BG	1.47	2.35	0.533	-3.19	6.13
	对照点 CP	-5.90*	2.35	0.014	-10.57	-1.24
	午潮山 WM	-8.66	2.35	0.000	-13.33	-4.00
西溪湿地 XW	采荷社区 CC	0.51	2.35	0.828	-4.15	5.17
	植物园 BG	1.98	2.35	0.401	-2.68	6.65
	对照点 CP	-5.39*	2.35	0.024	-10.05	-0.73
	午潮山 WM	-8.15*	2.35	0.001	-12.82	-3.49
植物园 BG	采荷社区 CC	-1.47	2.35	0.533	-6.13	3.19
	西溪湿地 XW	-1.98	2.35	0.401	-6.65	2.68
	对照点 CP	-7.37*	2.35	0.002	-12.04	-2.71
	午潮山 WM	-10.13*	2.35	0.000	-14.80	-5.47
对照点 CP	采荷社区 CC	5.90*	2.35	0.014	1.24	10.57
	西溪湿地 XW	5.39*	2.35	0.024	0.73	10.05
	植物园 BG	7.37*	2.35	0.002	2.71	12.04
	午潮山 WM	-2.76	2.35	0.243	-7.42	1.90
午潮山 WM	采荷社区 CC	8.66*	2.35	0.000	4.00	13.33
	西溪湿地 XW	8.151*	2.35	0.001	3.49	12.82
	植物园 BG	10.13*	2.35	0.000	5.47	14.80
	对照点 CP	2.76	2.35	0.243	-1.90	7.42

　　春季，植物园的辐射强度最弱，西溪湿地和采荷社区介于最弱和弱之间；对照点在 9：00～15：00 辐射达到强的程度，其他时间辐射都较弱；午潮山在 10：00～14：00 辐射达到很强的程度，8：00～9：00 和 15：00～16：00 介于中等和强之间，其他时间辐射较弱。

　　2. 月变化

　　月变化以 8：00～18：00 来统计。紫外线辐射强度随月份的变化趋势，与杭州太阳辐射量随月份的变化趋势基本相同。由表 6-32 可知，在所监测月份内紫外线辐射强度范围为 0.66～85.73W/m²，呈单峰曲线分布。6 月份，杭州城市森林紫外辐射平均强度为 13.40W/m²，在 7 月达到最大值，平均强度为 47.53W/m²，8 月份开始辐射强度急剧下降，为 19.32W/m²，9 月份为 12.29W/m²，10 月份为 8.10W/m²，11 月份为 5.38W/m²，12 月份 4.65 为 W/m²，翌年 1 月份为 3.46W/m²，2 月份为 3.19W/m²，3～4 月份开始上升分别为 8.07W/m² 和 9.74W/m²。对照点从 4 月开始紫外线辐射逐渐增强，4 月～8 月长达 4 个月的时间紫外线辐射强度维持在一个较高的水平，变化不大，9 月开始紫外线辐射强度迅速减弱。年内紫外线辐射强度最小的是 12 月 23 日前后，最大的是 6 月 22 日前后，最小是最大的 59.8%，这与实际观测是一致的。采荷社区、植物园和西溪湿地的紫外线辐射强度均低于对照点，而午潮山的辐射强度高于对照点，不同监测点的月均值与对照点之间的浓度差距有所差异。植物园的差距较大，为 16.56W/m²，其次是西溪湿地为 14.22W/m²，采荷社区为 13.04W/m²，午潮山为 9.01W/m²。

　　在所有测定月份内，西溪湿地和植物园的辐射均为最弱；采荷社区在 9 月～翌年 3 月辐射为最弱，4 月份为较弱，6～8 月份为中等；午潮山在 1～2 月辐射较弱，12 月为中等，6 月、10～11 月和 3～4 月辐射为强，7～9 月辐射达到很强的程度；对照点 11 月～翌年 2 月份辐较弱，10 月和 3 月辐射为中等强度，6 月、8～9 月和 4 月辐射达到强的程度，7 月份辐射最强。

表 6-32　不同月份紫外线辐射强度[①]

监测点		2012 年							2013 年			
		6 月	7 月	8 月	9 月	10 月	11 月	12 月	1 月	2 月	3 月	4 月
对照点 CP	强度	24.77	45.18	27.96	16.78	14.21	8.18	6.97	6.86	6.65	13.59	22.93
	等级	4	5	4	4	3	2	2	2	2	3	4
午潮山 WM	强度	20.91	85.73	32.18	37.96	24.77	15.71	12.02	7.66	7.46	19.78	29.06
	等级	4	5	5	5	4	4	3	2	2	4	4
采荷社区 CC	强度	5.89	9.34	6.46	4.61	3.64	3.05	2.46	2.44	2.31	4.59	5.88
	等级	3	3	3	1	1	1	1	1	1	1	2
植物园 BG	强度	—	—	—	2.28	1.19	0.70	0.70	0.67	0.66	1.13	1.36
	等级				1	1	1	1	1	1	1	1
西溪湿地 XW	强度	—	—	—	4.30	2.80	2.05	3.43	3.05	2.34	6.78	2.64
	等级				1	1	1	1	1	1	1	1

　　注：①紫外线辐射强度为 W/m²。

3. 季节变化

从表6-33可以看出，按季节划分，紫外线辐射强度呈现出较为显著的季节性特点，表现为夏季>春季>秋季>冬季。夏辐射强度最高，平均为26.57W/m²，冬季强度最低，平均为3.77W/m²，年变幅为11.98W/m²；春秋两季次之，但春季（9.4W/m²）大于秋季（8.59W/m²）。全年的紫外线辐射强度分布情况表明午潮山紫外线辐射强度始终高于其他4个监测点，对照点的辐射强度4个季节都高于采荷社区、植物园和西溪湿地，这样的空间分布差异，主要是因为午潮山海拔较高。年度综合比较及差异显著性分析的结果表明，春夏秋冬4个季节的辐射强度差异显著（$P<0.05$）。

杭州城市森林紫外线辐射强度等级关系为：夏季>秋季>春季>冬季。午潮山紫外线辐射对人体的影响程度四季差别较大，夏季很强，在20min内即可对人体造成伤害；秋季和春季影响程度也强，在20~40min对就会对人体造成伤害；冬季影响程度弱，在60~100min内才对人体造成影响，对健康较为有利；采荷社区夏季和春季紫外辐射较弱，在100~180min才会对人体有影响，秋季和冬季紫外线辐射微弱，有利健康。西溪湿地和植物园秋冬春三季紫外线辐射程度也很微弱或者弱，对健康有利。对照点夏季辐射很强，春季也强，秋季辐射程度一般，冬季较弱。监测点之间比较发现，一年四季午潮山紫外辐射强度都明显高于照点，而对照点高于西溪湿地、植物园和采荷社区，采荷社区低于西溪湿地，但两者都高于植物园。

表6-33　不同季节紫外线辐射强度等级[①]

监测点		季 节			
		夏 季	秋 季	冬 季	春 季
对照点 CP	强　度	32.64	13.06	6.83	18.26（10.31）
	等　级	5	3	2	4
午潮山 WM	强　度	46.27	26.15	9.05	24.42（13.15）
	等　级	5	4	2	4
采荷社区 CC	强　度	7.23	3.77	2.40	5.23（2.43）
	等　级	2	1	1	2
西溪湿地 XW	强　度	—	1.39	0.68	6.71（2.45）
	等　级	—	1	1	2
植物园 BG	强　度	—	3.05	2.94	1.24（0.38）
	等　级	—	1	1	1

注：①紫外线辐射强度为 W/m²，括号内数字为标准差。

4. 小　结

（1）2012年6月~2013年4月，紫外线辐射强度具有明显的日变化特征，各季节的共同特点是，从6:00到11:00紫外线辐射逐渐增强，11:00~13:00时为一天中最强的时段，13:00之后辐射逐渐减弱，这与每天太阳高度角的变化有较好的一致性，即各季的紫外线强度的日变化主要取决于太阳高度角的变化。夏季是一年中紫外辐射最强的时期。夏季紫外线辐射持续时间长，比春秋季长3h，而春秋季又比冬季长2h。冬季紫外线辐射值小，但日变化特征也比较明显。从杭州城市森林紫外线辐射强度在一年四季的日变化趋势可以看出，紫外线辐射强度比较高且持续时间较长的的是夏季，冬季最低，春秋两季相差不大。

（2）杭州城市森林紫外线辐射强度具有明显的空间分布特征，与季节变化有密切的关系。夏季，紫外线辐射强度日均值水平关系为，午潮山>对照点>采荷社区。秋季，紫外线辐射强度日均值水平关系为，午潮山>对照点>采荷社区>西溪湿地>植物园。冬季，紫外线辐射强度日均值水平关系为午潮山>对照点>西溪湿地>采荷社区>植物园。春季，紫外线辐射强度日均值水平关系为午潮山>对照点>西溪湿地>采荷社区>植物园。差异显著性分析表明各监测点与对照点间存在显著性差异。

（3）在所有测定月份内，杭州城市森林紫外线辐射强度的月变化规律呈单峰型分布，7月强度最高，其次是6月、8月辐射强度急剧下降，之后逐渐降低，3~4月辐射开始上升。在所有测定月份内，采荷社区、植物园和西溪湿地的紫外线辐射强度均低于对照点对照点，而午潮山的辐射强度高于对照点，不同监测点的月均值与对照点之间的辐射强度差距有所差异。植物园的差距较大，其次是西溪湿地，采荷社区和午潮山。在季节分布上，紫外线辐射强度呈现出较为显著的季节性特点，表现为夏季>春季>秋季>冬季。

（4）用紫外线辐射强度评价标准评价不同区域不同季节的紫外线辐射强度，结果表明，杭州城市森林紫外线辐射强度等级关系为：夏季>秋季>春季>冬季。午潮山紫外线辐射对人体的影响程度四季差别较大，夏季很强，秋季和春季影响程度也强，冬季影响程度弱；采荷社区夏季和春季紫外辐射较弱，秋季和冬季紫外线辐射微弱，有利健康；西溪湿地和植物园秋冬春三季紫外线辐射程度也很微弱或者弱，对健康有利。对照点夏季辐射很强，春季也强，秋季辐射程度一般，冬季较弱。

（七）杭州城市森林综合指数评价分析

1. 日变化

1）春　季

从表6-34可以看出，午潮山保健功能的综合指数全天在正常范围以上，在15:00~18:00，综合指数比较好，对人体健康有利。植物园在5:00~8:00，共4个时段综合指数比较差，对人体健康不利，其余时间段综合指数一般，均在正常范围内。西溪湿地在1:00~7:00，共7个时段综合指数比较差，对人体不健康不利，其余时段均在正常范围内。采荷社区在5:00~9:00，共5个时段综合指数比较差，对健康不利，其余时间段均在正常范围内。而对照点则整天都处于不利甚至很不利阶段。说明春季一天中，10:00以后合适人们去城市绿地休闲娱乐，而午潮山在15:00~18:00具有保健功能，是人们的最佳活动时间。

表6-34　春季城市森林保健功能综合指数等级

时　间	春　季				
	对照点 CP	午潮山 WM	采荷社区 CC	西溪湿地 XW	植物园 BG
0:00	4	3	3	3	3
1:00	4	3	3	4	3

续表

时 间	春 季				
	对照点 CP	午潮山 WM	采荷社区 CC	西溪湿地 XW	植物园 BG
2:00	4	3	3	4	3
3:00	4	3	3	4	3
4:00	4	3	3	4	3
5:00	4	3	4	4	4
6:00	4	3	4	4	4
7:00	4	3	4	4	4
8:00	4	3	4	3	4
9:00	5	3	4	3	3
10:00	4	3	3	3	3
11:00	4	3	3	3	3
12:00	4	3	3	3	3
13:00	4	3	3	3	3
14:00	4	3	3	3	3
15:00	4	2	3	3	3
16:00	4	2	3	3	3
17:00	3	2	3	3	3
18:00	4	2	3	3	3
19:00	4	3	3	3	3
20:00	4	3	3	3	3
21:00	4	3	3	3	3
22:00	4	3	3	3	3
23:00	4	3	3	3	3

2）夏　季

从表 6-35 可以看出，综合保健功能显著好于春季。午潮山综合保健功能在 19:00~
5:00，共 11 个时段综合指数很好，对健康非常有利；6:00~8:00 和 17:00~18:00 综合
指数也比较好，对健康有利；9:00~16:00，这 8 个时间段综合指数一般，属于人体接
受的正常范围。采荷社区在 20:00~8:00 综合保健功能较好，对健康有利，9:00~19:00
为人体可接受的正常范围。对照点在 9:00~15:00，综合指数比较差，对人体健康不利，
其余时段在可接受的正常范围内。说明，夏季一天中，午潮山保健功能对人体有利的时
间较长，且 9:00 以前和 17:00 以后是人们的最佳活动时间，森林的保健功能也将得到
最大的发挥。

表 6-35　夏季城市森林保健功能综合指数等级

时　间	夏　季		
	对照点 CP	午潮山 WM	采荷社区 CC
0:00	3	1	2
1:00	3	1	2
2:00	3	1	2
3:00	3	1	2
4:00	3	1	2
5:00	3	1	2
6:00	3	2	2
7:00	3	2	2
8:00	3	2	2
9:00	4	3	3
10:00	4	3	3
11:00	4	3	3
12:00	4	3	3
13:00	4	3	3
14:00	4	3	3
15:00	4	3	3
16:00	3	3	3
17:00	3	2	3
18:00	3	2	3
19:00	3	1	3
20:00	3	1	2
21:00	3	1	2
22:00	3	1	2
23:00	3	1	2

3）秋　季

从表 6-36 可以看出，秋季综合保健功能明显不如夏季，但略好于春季。午潮山在 14:00~17:00 综合指数较高，对健康有利，其余时段为正常水平。西溪湿地在 15:00~17:00，综合指数较好，对健康有利，其余时间段为正常水平。植物园在 6:00~11:00 综合指数较差，对健康不利，其余时段为正常水平。采荷社区综合指数一直处于正常水平。对照点在 12:00~19:00 为正常水平，其余均综合指数较差，对健康不利。说明，秋季一天中，午潮山和西溪湿地在下午 15:00~17:00 具有保健功能，是活动最佳活动，对健康更有利。

表 6-36　秋季城市森林保健功能综合指数等级

时　间	秋　季				
	对照点 CP	午潮山 WM	采荷社区 CC	西溪湿地 XW	植物园 BG
0:00	4	3	3	3	3
1:00	4	3	3	3	3
2:00	4	3	3	3	3
3:00	4	3	3	3	3
4:00	4	3	3	3	3
5:00	4	3	3	3	3
6:00	4	3	3	3	4
7:00	4	3	3	3	4
8:00	4	3	3	3	4
9:00	4	3	3	3	4
10:00	4	3	3	3	4
11:00	4	3	3	3	4
12:00	3	3	3	3	3
13:00	3	3	3	3	3
14:00	3	2	3	3	3
15:00	3	2	3	2	3
16:00	3	2	3	2	3
17:00	3	2	3	2	3
18:00	3	3	3	3	3
19:00	3	3	3	3	3
20:00	4	3	3	3	3
21:00	4	3	3	3	3
22:00	4	3	3	3	3
23:00	4	3	3	3	3

4）冬　季

从表 6-37 可以看出，冬季，综合保健功能明显不如其他 3 个季节。午潮山在 10:00～18:00 为正常水平，其余时段综合指数较差，对健康不利。西溪湿地、植物园和采荷社区综合指数整天都介于不利和很不利之间。其中采荷社区很不利的时间有 20 个时段，植物园有 19 个时段，西溪湿地有 12 个时段。而对照点的综合指数都很差，对健康非常不利。说明，冬季均不具有保健功能，相对而言，午潮山在 10:00～18:00 还处于人体可接受的正常范围内。

表 6-37 冬季城市森林保健功能综合指数等级

时 间	冬 季				
	对照点 CP	午潮山 WM	采荷社区 CC	西溪湿地 XW	植物园 BG
0:00	5	4	5	5	5
1:00	5	4	5	5	5
2:00	5	4	5	5	5
3:00	5	4	5	5	5
4:00	5	4	5	5	5
5:00	5	4	5	5	5
6:00	5	4	5	5	5
7:00	5	4	5	5	5
8:00	5	4	5	5	5
9:00	5	4	5	5	5
10:00	5	3	5	4	5
11:00	5	3	5	4	5
12:00	5	3	5	4	5
13:00	5	3	5	4	4
14:00	5	3	4	4	4
15:00	5	3	4	4	4
16:00	5	3	4	4	4
17:00	5	3	4	4	4
18:00	5	3	5	4	5
19:00	5	4	5	4	5
20:00	5	4	5	4	5
21:00	5	4	5	4	5
22:00	5	4	5	5	5
23:00	5	4	5	5	5

2. 月变化

按照 UFHCI 评价的标准，从表 6-38 可以看出，在监测期间，8~9 月杭州城市森林的保健功能比较好，对健康有利，4 月和 10 月保健功能一般，但属于正常范围内，11 月、2 月和 3 月的综合指数较低，对健康不利，12 月和 1 月综合指数最低，对健康极为不利。而对照点，终年不具有保健功能，除 8~9 月在正常范围内，其他月份对健康不利甚至非常不利。数据说明城市森林能改善生态环境，提供不同程度的保健功能，且在夏末和初秋的保健功能最好。

表 6-38　不同月份城市森林保健功能综合指数等级

年份	月份	监测点				
		对照点 CP	午潮山 WM	采荷社区 CC	西溪湿地 XW	植物园 BG
2012 年	8	3	2	2	—	—
	9	3	2	2	2	2
	10	3	3	3	3	3
	11	4	3	4	3	4
	12	5	4	4	5	5
2013 年	1	5	4	5	5	5
	2	5	3	4	4	4
	3	5	3	4	3	3
	4	4	3	3	3	3

3. 季节变化

从表 6-39 可以看出，午潮山、采荷社区、西溪湿地和植物园的环境条件明显优于对照点的环境条件。杭州城市森林综合保健功能等级关系为：夏季>秋季>春季>冬季。采荷社区四季差别较大，夏季保健功能最好，对健康有利；春秋两季一般；冬季对健康非常不利。午潮山保健功能，夏季很好，对健康有利；春秋两季一般；冬季对健康不利。西溪湿地和植物园在春秋两季一般；冬季保健功能很差，对健康不利或极为不利。监测点之间比较发现，一年四季午潮山综合保健功能都明显好于采荷社区、西溪湿地和植物园，西溪湿地好于植物园和采荷社区，植物园好于采荷社区。由此表明城区绿化设施的完善有助于改善环境质量，促进人体健康。

表 6-39　不同季节城市森林保健功能综合指数等级

季 节	监测点				
	对照点 CP	午潮山 WM	采荷社区 CC	西溪湿地 XW	植物园 BG
夏 季	3	2	2	—	—
秋 季	3	3	3	3	3
冬 季	5	4	5	4	5
春 季	4	3	3	3	3

4. 小 结

（1）杭州城市森林保健功能综合指数 UFHCI 的日变化特征随季节变化而有所差异。春秋冬 3 个季节，杭州 UFHCI 昼夜变化趋势一致，呈单峰曲线分布，变幅较小，峰值集中在 16:00～17:00。夏季，UFHCI 日变化呈 V 型曲线分布，早晚时刻 UFHCI 较高，中午前后达到最低值，午潮山变幅较大，采荷社区次之，对照点变幅较小，不同的城市森林类型出现谷值的具体时间有所不同，但总体来看在 11:00～15:00。

（2）杭州城市森林 UFHCI 具有明显的空间分布特征，与植被分布有密切的关系。春季，UFHCI 日均值水平关系表现为，午潮山>西溪湿地>植物园>采荷社区>对照点。夏季，UFHCI 日均值水平关系表现为，午潮山>采荷社区>对照点。秋季，UFHCI 日均值水平关系表现为，午潮山>西溪湿地>采荷社区>植物园>对照点。冬季，UFHCI 日均值水平关系表现为，午潮山>西溪湿地>植物园>采荷社区>对照点。表明午潮山、西溪湿地和植物园综合保健功能的优势明显。

（3）在所有测定月份内，杭州城市森林各监测点 UFHCI 月变化随着温度的降低而降低，随着温度的升高而增加。8 月最高，之后逐渐下降，1 月 UFHCI 最低，2~4 月 UFHCI 逐渐增加。4 个监测点的 UFHCI 均高于对照点，但不同监测点的月均值与对照点之间的差距有所差异。午潮山的差距较大，西溪湿地和植物园，采荷社区差距较小。在季节分布上，UFHCI 呈现出较为显著的季节性特点，表现为夏季>秋季>春季>冬季。

（4）用城市森林保健功能综合指数等级标准评价不同区域不同季节的保健功能，结果表明，春季一天中，10:00 以后合适人们去城市绿地休闲娱乐，而午潮山在 15:00~18:00具有保健功能，是人们的最佳活动时间。夏季，综合保健功能显著好于春季，午潮山保健功能对人体有利的时间较长，且 9:00 以前和 17:00 以后是人们的最佳活动时间，森林的保健功能也将得到最大的发挥。秋季，综合保健功能明显不如夏季，但略好于春季，午潮山和西溪湿地在 15:00~17:00 具有保健功能，是最佳活动时间，对健康更有利。冬季，综合保健功能明显不如其他 3 个季节，均不具有保健功能，相对而言，午潮山在10:00~18:00 还处于人体可接受的正常范围内。监测期间，8~9 月杭州城市森林的保健功能很好，对健康有利，11 月、2 月和 3 月属于正常，其他月份对健康不利甚至非常不利。而对照点，终年不具有保健功能，说明，城市森林能改善生态环境，提供不同程度的保健功能，且在夏末和初秋能为城市居民提供更好的保健效益。一年四季午潮山、采荷社区、西溪湿地和植物园的环境条件明显优于对照点的环境条件。杭州城市森林综合保健功能等级关系为：夏季>秋季>春季>冬季。监测点之间比较发现，一年四季午潮山综合保健功能都明显好于采荷社区、西溪湿地和植物园，西溪湿地好于植物园和采荷社区，植物园好于采荷社区。由此表明城区绿化设施的完善有助于改善环境质量，促进人体健康。

第五节 杭州城市森林保健功能调控方案

一、杭州不同城市森林类型发挥保健功能现状分析

（一）不同城市森林类型发挥保健功能差异

城市森林由城市中心区的园林绿地和公园（以斑块为主）、道路绿化带（以廊道为主）、近郊的风景林和森林公园（以片为主）、远郊商品林、果园和农林复合经营组成，可以将其视为由点、块、带、网、片相结合的一个完整的森林景观生态系统。从景观生态学角度看，其强调多尺度上空间格局和生态学过程相互作用，能够为城市森林规划提供一个更合理、更有效的概念框架。

本研究中，在杭州市建成区新建了 4 个城市森林保健功能监测点，分别位于西湖区的

杭州植物园、西溪国家湿地公园、拱墅区的杭州半山国家森林公园和江干区的采荷社区。另外，加上先期项目合作单位建设的西湖区的午潮山国家森林公园和上城区的杭州森林和野生动物保护管理总站社区（对照点）的 2 个监测点，项目总共建设 6 个监测点，不同监测点城市森林因其形状、面积大小以及组成结构、植物类型不同，其保健功能发挥各不相同。

根据陈佳菁（2012）对杭州市城市森林景观的评价研究，就游憩功能而言，社区绿地、单位附属绿地、社区公园等点状森林的可达度、可进入度高于远离市中心的森林公园，其保健功能发挥能够惠及社区居民。同时，城市森林景观的生态功能与其体量成正比，即城市森林景观体量愈大、愈集中，相对其中的植物群落生长会更稳定，其生态功能的发挥空间愈大。区块状森林，如西溪国家湿地公园、午潮山国家森林公园、杭州半山国家森林公园，面积大，生物多样性高，植被组成丰富，在改善城市环境、调节小气候方面表现突出，具有很高的生态效益，是城市森林生态系统中尤为重要的支撑。

以社区绿地公园为例，其特点主要有：数量多，面积较小，分布较为零散，植被数量少。这类小型的绿地公园可称为点状城市森林，广泛分布于城市范围内，嵌入市民活动区域，相较于其他大型的城市森林类型，其距离城市居民生活区域最近，为城市居民放松心情、锻炼身体提供了极为方便的选择。在城市中，由于环境所限，社区绿地公园植被组成和绿化程度受限，但在本研究中，可看到其保健功能虽低于面积广阔的郊野森林等，但是，较对照点而言，社区绿地公园则有明显差异，是城市居民欣赏景观与游憩休闲的良好选择。同时，根据岛屿效应原理，保留城市中残存的自然植被斑块，或者新建人工绿地等景观，能够为野生动物和一些濒危物种提供栖息地和避难所，有利于保持生物多样性。而午潮山国家森林公园则为片状的城市森林类型，其面积较大，远离城区（距离最远），植被组成丰富。就空气负离子浓度而言，午潮山国家森林公园高于其他监测点，说明城区污染和人们活动造成的负离子消耗作用十分显著。森林保健功能综合指数 UFHCI 评价结果也显示，午潮山在四季时综合保健功能较其他各监测点均较高，可见大面积的面状森林类型发挥的保健功能具有独特优势。

根据景观连接度和渗透理论，依托于郊区纵横交错的河渠、道路和众多的湖塘，建设防护林带、环带、林荫大道、森林大道，形成绿色走廊和绿色网络，并使之与城区数量众多、高度破碎化的植被斑块相互贯通，形成自然廊道与人工廊道相间分布的星状分散集团式景观格局，可以有效地阻止城市建成区摊大饼式发展所造成的生态恶化。并通过城市森林点、线、面的结合把城市森林开敞空间连接成网络，减少城市森林分布的孤立状态，保留大面积的城市森林，增强了其抗干扰能力和边缘效应。因此，城市森林生态网络所发挥的生态作用是许多小的分散的城市森林所无法代替的。

（二）杭州森林城市建设存在的问题和不利因素

杭州市城市森林建设存在很多优势，杭州位于中国东南沿海，地处亚热带北缘，自然地理区位优势明显，气候温和湿润，森林资源丰富，天然林本底条件优越，自然景观类型丰富多样。同时，森林城市建设历来受到政府重视，为以后的城市森林建设发展打下了良好的基础。但是，杭州城市森林建设目前也存在一些问题和不利因素，根据杭州市 2008 年城市森林规划，杭州城市森林建设目前存在的主要问题有以下几点。

1. 市区森林体系的整体性有待完善

中心城区河流、主干路沿线的绿化尚未形成整体性，绿地斑块之间连接相对松散，市区绿地之间、市区绿地与城郊山林及农田之间系统性连接有待提高。

2. 城市森林建设布局有待均衡

城市森林主要分布在市区西部，而北部和东部的森林绿地建设还有待于加强，城郊结合部、乡镇和村庄的森林绿地建设相对投入不足。

3. 城市森林植物群落结构有待改善

市区森林建设比较重视视觉的美学效果，植物的生态效能考虑相对较弱，有些地区单位面积的绿量相对不足；有些地区有绿量，但与森林生态系统建设的要求还有距离，尤其是构建近自然的植物群落结构还显不足，需要完善和提高。

就城市森林保健功能发挥而言，改善植被组成结构，构建近自然的植物群落，能够提高城市森林健康水平和抗干扰能力；合理布局城市森林，通过城市森林点、线、面的结合把城市森林开敞空间连接成网络，减少小、散的城市森林分布的孤立状态，保留大面积的城市森林，提高城市森林的生态效益，均有利于城市森林发挥其保健功能。

（三）杭州市城市森林保健功能调控目标与内容

杭州市 2008 年城市森林规划提出了杭州城市森林规划的原则，包括生态优先，以人为本；林水相依，城乡一体；因地制宜，生态种植；森林文化，主题明确；兼顾效益，形成产业。并提出了城市森林规划建设的总体目标，包括通过森林城市建设，构建综合效益显著的城市生态屏障，保障生态安全，弘扬森林文化，改善和优化人居环境，实现生态文明，提升市民生活品质，把杭州市建设成为森林生态体系完善、植被丰富、生物多样、环境优美、生态经济发达的森林城市。在此规划中，杭州市规划了城市森林的两个布局结构：市域"一中心、二环、七线、多极"和市区"一核、二轴、五片、多廊"，并依据此布局拟提出多项相关的重点建设工程，包括城市立体绿化建设工程、居住区生态保健林建设工程、北片卫生防护林建设工程、东片防风减灾林建设工程、西片休闲旅游林建设工程、森林公园建设工程绿色通道景观林建设工程、水源涵养林改造建设工程、生态乡镇村建设工程、针叶林阔叶化改造工程、湿地恢复保护工程、特色产业体系建设工程等。

根据以上杭州市城市森林建设规划及本研究中得到的结果，提出以下城市森林保健功能调控的内容。

1. 改善城市森林构建模式

城市森林具有良好的生态保健功能，已在前人的诸多研究中得到证实（胡译文等，2010；鲍风宇等，2013）。本研究结果支持上述观点，城市森林总体上表现出良好的生态保健功能。但是在本研究中也存在一些差异性。如郊野森林监测点的全年户外感到舒适的小时数比城市中心低。这可能是因为从杭州市所处的气候环境来看，杭州市气候冬季阴冷潮湿。而相对于森林环境，城市中心区由于受热岛效应的影响，在冬季温度高、湿度低。郊野森林监测点冬季阴湿的环境可能是造成其冬天感到舒适的时间相对较短一个重要原因。其次对郊野森林监测点所处的森林群落结构进行分析也可以得出一定的原因，郊野森林监测点的仪器安放地点是一个林窗，其植被较为稀疏，林分密度较小，乔木层多样性较低，从而其气温、相对空气湿度、风速等指标受大的环境气候状况的影响较大。

不同结构的森林群落必然形成不同的空间效应（刘娇妹，2007）。郁闭度较大的森林群落可以有效地吸收并遮挡太阳辐射，降低林内的温度，增加空气湿度，同时对噪声也可以进行有效地吸收和阻挡。森林群落的多样性指数越高，则对各生态位的利用越高（朱春全，1997）。在单位面积上的光合作用等生理过程的效率也就更高，也将会发挥出更大的生态保健功能。因此，森林群落的郁闭度和多样性是影响城市森林保健功能发挥的重要结构因子。这在张凯旋（2013）、范亚民（2005）、徐飞（2010）等人的研究中得出了类似的结论。本研究也支持上述观点，具有良好生态保健功能的 3 种城市森林类型植物群落的郁闭度和物种多样性等方面明显高于对照点。

城市森林的构建应该从城市环境的特殊性出发，在注重美观协调的同时，依据不同树木的生物学特性，基于生态学的基本理论，尽可能集中片状配置，以增加城市森林结构的层次性，才能充分发挥其保健功能。乔灌草的复层植物群落结构生态位较为合理，在杭州市城市森林构建时，值得借鉴与应用。

合理的植被群落结构是城市森林保健功能发挥的前提，而城市森林保健功能又是植被群落结构的具体体现。根据上述研究成果以及对不同监测点保健功能效益的分析，同时结合城市森林构建的基本原理，提出以下几种类型的杭州市城市森林构建模式。

1）郊野森林公园类型

郊野森林公园是最接近天然林的城市森林类型，具有良好的保健功能。但是由于地处偏远，不利于管理。树种选择应以乡土树种为主要建群种，实施粗放型管理模式，降低人为管护的强度。主林层和次林层选择阳性树种，而如红枫等耐半阴性植物适宜栽植在林缘，中下层选择具有一定观赏价值的、比较耐阴的小乔木和花灌木。草本层可采用自然草本或藤本作为地被。另外，林区防火非常重要，要注意防火树种和耐火树种的应用。可采用以下模式进行构建：

乔木层：杜仲、枫香、香樟、毛竹、桂花、麻栎、杉木、红枫、青冈栎、杨梅、枸树、刺楸、三尖杉、山矾、刺楸、山合欢等。

灌木层：山矾、紫薇、冬青、木莲、淡竹、枸树、檵木、木荷、石楠、栀子等；

草本层：芒萁、鸢尾、扶芳藤、麦冬、蝴蝶花、一年蓬等。

2）湿地公园类型

湿地公园中，植物群落的构建宜选择耐水湿性好，对土壤要求不严格，根系发达的树种。整体群落具有良好的景观度，邻水的植物应用主要通过树木的挡风、遮光、减少其蒸发量，乔木常选用体量较大的能够遮阴的落叶树种，如垂柳、枫杨等。灌木层选用较耐阴的树种。在适宜亲水的环境中，可铺设耐践踏的人工草坪，而在不宜人亲近的水边，可用藤本月季等防护性植物进行隔断。可采用以下模式进行构建：

乔木层：垂柳、池杉、水杉、枫杨、梓树、桑树、山桃、香椿等；

灌木层：茶花、淡竹、大叶黄杨、梅、木槿等；

草本层：三叶草、狗尾草、蒿子、藤本月季等。

3）城市公园类型

城市公园绿地是城市居民休憩、娱乐的良好地点，是城市森林中最能体现城市森林诸项功能的绿地类型，它的构建模式直接影响到城市环境质量和城市居民游憩活动的开展，并且对城市景观文化的塑造和城市风貌特色的形成具有重要的影响。构建时，适宜选用如桂花等具有显著杀菌作用的树种，灌木选用如八角金盘等耐阴树种。林下植被具有一定的抗践踏能力，不宜游人达到的地方可选用淡竹等植物作为草本层。建议采用以下构建模式：

乔木层：香樟、桂花、黑松、白栎、冬青、短柄枹栎、枫香、木荷、木莲、无患子、臭椿、杜英、石楠等；

灌木层：冬青、木莲、山茶、八角金盘、腊梅、木荷、小叶女贞、栀子等；

草本层：芒萁、淡竹、狗牙根、吉祥草、茅草等。

4）社区绿地类型

社区绿地是人类接触最为紧密的城市森林类型。树种的选择要结合当地自然资源，融合地方特色，体现地方风格，使城市居民有更强烈的历史传承感，如杭州市的香樟、桂花等。城市环境中具有人口密集、污染物含量高、土壤贫瘠、重金属含量高等特点。因此，社区绿地树种应满足抗污染能力强，耐盐碱，耐瘠薄等特性。在选择时，还应多选用防火树种，避免植源性污染树种的应用，灌木还应满足一定抗修剪能力，草本层具备一定的耐践踏能力。可选用以下构建模式：

乔木层：香樟、桂花、银杏、水杉、雪松、悬铃木、龙爪槐、枸树等；

灌木层：珊瑚树、石楠、海桐、红花继木、杜鹃、瓜子黄杨、腊梅、金森女贞等；

草本层：麦冬、炸酱草、狗牙根等。

2. 合理布局不同类型城市森林，满足生态需求

根据杭州市市域"一中心、二环、七线、多极"和市区"一核、二轴、五片、多廊"的城市森林规划，合理布局不同类型的城市森林数量和区位，提高城市森林景观的均匀度，完善城市森林网状结构。根据人口分布特点，确保人均绿地水平，同时在人口分布中心区域附近可建设绿地公园等，提高城市森林可达性。充分利用立体空间，提升立体绿化水平。

3. 以人为本，完善城市森林基础设施建设

城市森林建设的社会驱动来源于城镇居民对城市生活品质多方面的追求（章滨森，2012），城市森林本研究中所提出的城市森林的保健功能的调控与规划也应当以人为本，重视城市居民的需求。社区绿地与居民接近，一些基础设施建设较为完善，而片状的城市郊野公园，森林公园等，远离居民日常生活区域，可达性较低，因此，重视基础设施建设，包括休闲游憩住宿等设施，以及做好道路、交通等配套的规划与建设，方便城市居民能够享受森林公园等远离市区的城市森林带来的保健功能。

参 考 文 献

[1] 孙通海. 庄子 [M]. 北京：中华书局出版社，2007.

[2] 巨人. 辞赋一百篇——诗词曲赋集 [M]. 太原：山西人民出版社，1994.

[3] 龚廷贤. 寿世保元 [M]. 北京：人民卫生出版社，2003.

[4] 林枚. 阳宅会心集 [M]. 中国台北：武陵出版社，1970.

[5] 孟元老. 东京梦华录 [M]. 郑州：中州古籍出版社，2010.

[6] Howard E. 明日的花园城市 [M]. 金经元，译. 北京：商务出版社，2001.

[7] 马可·波罗. 马克·波罗游记 [M]. 余前帆，译. 北京：中国书籍出版社，2009.

[8] 祁彪佳. 祁彪佳集 [M]. 北京：中华书局出版社，1960.

[9] 张岱. 陶庵梦忆 [M]. 北京：中华书局出版社，2008.

[10] 陈从周，等. 园综 [M]. 上海：同济大学出版社，2011.

[11] 杨天在. 避暑山庄碑文释译 [M]. 北京：紫禁城出版社，1985.

[12] 曹洪涛. 当代中国的城市建设 [M]. 北京：中国社会科学出版社，1990.

[13] 徐德权. 当代北京园林发展史（1949—1985）[M]. 北京：北京市园林局，1987.

[14] 范瑾. 当代中国的北京 [M]. 北京：中国社会科学出版社，1989.

[15] 吴泽明，McBride J.，Nowak D.，等. 合肥城市森林减少大气污染物的效果研究 [J].
中国城市森林，2003（1）：39-43.

[16] 高岩. 北京市绿化树木挥发性有机物释放动态及其对人体健康的影响 [D]. 北京：
北京林业大学，2005.

[17] 崔艳秋，南蓬，林满红，等. 圆柏与龙柏主要挥发物及其抑菌和杀菌作用 [J]. 环
境与健康杂志，2006，23（1）：63-65.

[18] 殷杉，蔡静萍，陈丽萍，等. 交通绿化带植物配置对空气颗粒物的净化效益 [J].
生态学报，2007，27（11）：4590-4595.

[19] 吴楚材，郑群明，钟林生. 森林游想区空气负离子水平的研究 [J]. 林业科学，
2001，37（5）：75-81.

[20] 邵海荣，贺庆棠，闫海平，等. 北京地区空气负离子浓度时空变化特征的研究 [J].
北京林业大学学报，2005，27（3）：35-39.

[21] 李少宁，王燕，张玉平，等. 北京典型植物区空气负离子分布特征研究 [J]. 北京
林业大学学报，2010，32（1）：130-135.

[22] 陈佳瀛，宋永昌，王爱民. 上海环城林带小气候效应的研究（1）[J]. 生态环境，
2005，14（1）：67-74.

[23] 张庆费，郑思俊，夏檑，等. 上海城市绿地植物群落降噪功能及其影响因子 [J].
应用生态学报，2007，18（10）：2295-2300.

[24] 李晓储，蒋继宏，黄利斌，等. 生态保健树种最新研究进展 [J]. 中国城市林业，
2005，3（6）：61.

[25] 郄光发，房城，王成，等. 森林保健生理与心理研究进展 [J]. 世界林业研究，

2011, 24 (3): 37-41.

[26] 王成. 森林使城市更"宜居" [N]. 经济日报, 2006-11-1 (16).

[27] 张志强. 城市森林与人体健康 [N]. 经济日报, 2007-5-16 (11).

[28] 陈步峰, 陈勇, 尹光天, 等. 珠江三角洲城市森林植被生态系统水质效应研究 [J]. 林业科学研究, 2004, 17 (4): 453-460.

[29] 崔鉴鉴. 武汉市城市森林空间布局与热岛效应关系研究 [D]. 武汉: 华中农业大学, 2011.

[30] 葛小凤, 邵景安, 刘秀华. 人文精神变革下的城市视觉污染及其防治 [J]. 西南农业大学学报 (社会科学版), 2006, 4 (2): 88-92.

[31] 李琼. 广州市城市森林生态服务功能研究 [D]. 长沙: 中南林学院, 2005.

[32] 李延明, 张济和, 古润泽. 北京城市绿化与热岛效应的关系研究 [J]. 中国园林, 2004, 20 (1): 72-75.

[33] 刘玲. 合肥城市化进程及其气候效应研究 [D]. 合肥: 安徽农业大学, 2008.

[34] 欧阳志云, 辛嘉楠, 郑华. 北京城区花粉致敏植物种类、分布及物候特征 [J]. 应用生态学报, 2006, 18 (9): 1953-1958.

[35] 彭少麟, 周凯, 叶有华, 等. 城市热岛效应研究进展 [J]. 生态环境, 2005, 14 (4): 574-579.

[36] 樵地英. 中国城市噪声污染的危害及控制技术的探讨 [J]. 能源与节能, 2013 (4): 81-83.

[37] 彭怀仁. 归属感与抑郁症 [N]. 光明日报, 2000-5-15.

[38] 谭少华, 郭剑锋, 赵万民. 城市自然环境缓解精神压力和疲劳恢复研究进展 [J]. 地域研究与开发, 2010, 29 (4): 55-60.

[39] 谢刚, 夏玉芳, 郗静, 等. 不同林龄香椿对林冠截留雨水的影响 [J]. 贵州农业科学, 2013, 41 (1): 153-157.

[40] 徐涵秋, 陈本清. 城市热岛与城市空间发展的关系探讨——以厦门市为例 [J]. 城市发展研究, 2004, 11 (2): 65-70.

[41] 杨坤, 谢光荣, 贺达仁. 抑郁症病因学研究及其哲学思考 [J]. 临床心身疾病杂志, 2006, 12 (5): 395-398.

[42] 钟华平. 城市化对水资源的影响 [J]. 世界地质, 1996, 15 (04): 49-53.

[43] 友明. 园林空间的色彩配置 [J]. 安徽农业科学, 2005, 33 (6): 1045-1046, 1068.

[44] 柴思宇, 刘燕. 国外城市树种选择指导及其借鉴 [J]. 中国园林, 2011, 27 (9): 82-85.

[45] 陈雅敏, 张韦倩, 杨天翔, 等. 中国不同植被类型净初级生产力变化特征 [J]. 复旦学报: 自然科学版, 2012, 51 (3): 377-381.

[46] 高金晖, 王冬梅, 赵亮, 等. 植物叶片滞尘规律研究——以北京市为例 [J]. 北京林业大学学报, 2007, 29 (2): 94-99.

[47] 顾小玲. 试论城市景观植物设计的科学与艺术 [J]. 东南大学学报 (哲学社会科学

版），2005，7（5）：63-66.

[48] 郭恩章. 高质量城市公共空间的设计对策 [J]. 建筑学报，1998，（3）：10-12.

[49] 郭理桥. 现代城市精细化管理 [M]. 北京：中国建筑工业出版社，2010.

[50] 郭伟，申屠雅瑾，郑述强，等. 城市绿地滞尘作用机理和规律的研究进展 [J]. 生态环境学报，2010，19（6）：1465-1470.

[51] 胡丽萍. 城市森林与城市绿化可持续发展 [J]. 现代城市研究，2002，（2）：14-16.

[52] 康博文，刘建军，侯琳，等. 延安市城市森林健康评价 [J]. 西北农林科技大学学报：自然科学版，2006，34（10）：81-86.

[53] 黎伯钢，李德祥. 中国植物文化与现代园林景观 [J]. 安徽农业科学，2008，36（25）：1086-1086.

[54] 李春媛. 城郊森林公园游憩与游人身心健康关系的研究 [D]. 北京：北京林业大学，2009.

[55] 李海梅，刘霞. 青岛市城阳区主要园林树种叶片表皮形态与滞尘量的关系 [J]. 生态学杂志，2008，27（10）：1659-1662.

[56] 李卿，王小平，陈峻崎，等. 森里医学 [M]. 北京：科学出版社，2013.

[57] 李亚洁，廖晓艳，李利. 高温高湿环境热应激研究进展 [J]. 护理研究，2004，18（9）：1514-1517.

[58] 李智勇，何友均，等. 城市森林与树木 [M]. 北京：科学出版社，2009.

[59] 梁伊任，曾伟. 融历史于现代的多义空间营造——西安高新区中心绿化景观带景观规划 [J]. 中国园林，2004，20（7）：20-24.

[60] 刘滨谊，吴采薇. 城市经济因素对景观园林环境建设的导控作用 [J]. 中国园林，2000，16（4）：16-18.

[61] 刘华，宋涛，李培培. 合肥城市主要绿地类型小气候调节作用初析 [J]. 城市环境与城市生态，2009，22（6）：39-42.

[62] 刘素芬. 户外锻炼比在健身房好 [J]. 山西老年，2012（10）：61.

[63] 刘雁琪，张启翔. 森林公园静养区景观建设相关问题探讨 [J]. 河北林业科技，2004（1）：24-26.

[64] 陆贵巧，谢宝元，谷建才，等. 大连市常见绿化树种蒸腾降温的效应分析 [J]. 河北农业大学学报，2006，29（2）：65-67.

[65] 马灵芳，管东生. 广州新河浦小区庭院树木特征及其与环境空间的关系 [J]. 城市环境与城市生态，2000，13（1）：25-27.

[66] 苗百岭，梁存柱，王炜，等. 植被退化对典型草原地表径流的影响 [J]. 水土保持学报，2008，22（2）：10-14.

[67] 南海龙，王小平，陈峻崎，等. 日本森林疗法及启示 [J]. 世界林业研究，2013，26（3）：74-78.

[68] 欧阳学军，黄忠良，周国逸，等. 鼎湖山四种主要森林的温度和湿度差异 [J]. 热带亚热带植物学报，2003，11（1）：53-58.

[69] 彭镇华，张旭东. 乔木在城市森林建设中的重要作用 [J]. 林业科学研究，2004，

17 (5)：666-673.

[70] 曲宁，周春玲，盖苗苗. 刺槐花香气成分对人体脑波及主观评价的影响 [J]. 西北林学院学报，2010，25 (4)：49-53.

[71] 万林艳. 公共文化及其在当代中国的发展 [J]. 中国人民大学学报，2006，(1)：98-103.

[72] 王蕾，王志，刘连友，等. 城市园林植物生态功能及其评价与优化研究进展 [J]. 环境污染与防治，2006，28 (1)：51-54.

[73] 王秀珍，龚云成. 绿色植物在生态建筑中的价值取向和合理引进 [J]. 中外建筑，2004，10 (1)：90-91.

[74] 王艳红，宋维峰，李财金. 不同森林类型林冠截留效应研究 [J]. 亚热带水土保持，2008，20 (3)：5-10.

[75] 王赞红，李纪标. 城市街道常绿灌木植物叶片滞尘能力及滞尘颗粒物形态 [J]. 生态环境，2006，15 (2)：327-330.

[76] 吴菲，李树华，刘剑. 不同绿量的园林绿地对温湿度变化影响的研究 [J]. 中国园林，2006，22 (7)：56-60.

[77] 吴立蕾，王云. 城市道路绿视率及其影响因素——以张家港市西城区道路绿地为例 [J]. 上海交通大学学报，2009，27 (3)：267-271.

[78] 谢煜林. 徽州古村落中的外部空间环境初探 [D]. 北京：北京林业大学，2005.

[79] 徐涛. 长春市园林绿化建设和管理问题析论 [D]. 长春：吉林大学，2003.

[80] 俞孔坚，段铁武. 景观可达性作为衡量城市绿地系统功能指标的评价方法与案例 [J]. 城市规划，1999，23 (8)：8-11.

[81] 张石生. 园林植物与园林意境 [J]. 北方园艺，1999 (2)：50.

[82] 张涛甫. 城市文化建设笔谈 (四篇)——"软实力"：城市发展的另一维度 [J]. 甘肃社会科学，2006 (2)：3-6.

[83] 张卫东，方海兰，张德顺，等. 城市绿化景观观赏性的心理学研究 [J]. 心理科学，2008，31 (4)：823-826.

[84] 张晓霞. 噪声污染的危害及噪声背景值修正中存在的问题 [J]. 太原师范学院学报（自然科学版），2007，6 (1)：61-63.

[85] 张艳，王体健，胡正义，等. 典型大气污染物在不同下垫面上干沉积速率的动态变化及空间分布 [J]. 气候与环境研究，2004，9 (4)：591-604.

[86] 赵凤义. 城市绿化要遵循植物群落的生态规律 [J]. 中国园艺文摘，2011，27 (12)：68-69.

[87] 朱春阳，李树华，纪鹏. 城市带状绿地结构类型与温湿效应的关系 [J]. 应用生态学报，2011，22 (5)：1255-1260.

[88] 王恩，章银柯，包志毅，等. 城市绿地空气负离子浓度评价研究——以杭州西湖风景区为例 [J]. 四川环境，2009，28 (5)：6-9.

[89] 范亚民. 城郊绿地系统生态效益研究——以南宁青秀山为例 [D]. 长沙：中南林学院，2003.

[90] 郭二果. 北京西山典型游憩林生态保健功能研究 [D]. 北京：中国林科院，2008.

[91] 谢家祜. 林业经济管理学 [M]. 北京：中国林业出版社，1995.

[92] 赵红艳. 森林生态系统服务功能价值评价指标体系研究——以湖南绥宁县为例 [D]. 长沙：中南林业科技大学，2006.

[93] 王顺. 我国城市人才环境综合评价指标体系研究 [J]. 中国软科学，2004（3）：148-151.

[94] 赵文晋，董德明，龙振永，等. 战略环境评价指标体系框架构建研究 [J]. 地理科学，2003（6）：751-754.

[95] 邵立周，白春杰. 系统综合评价指标体系构建方法研究 [J]. 海军工程大学学报，2008，20（3）：48-52.

[96] 鲁彦，朴尚宪，赵坤宇. 大气环境中的空气负离子对人体健康的影响 [J]. 黑龙江医药科学，2000（3）：38.

[97] 石强，舒惠芳，钟林生，等. 森林游憩区空气负离子评价研究 [J]. 林业科学，2004，40（1）：36-40.

[98] 汪永英，孔令伟，李雯，等. 哈尔滨城市森林小气候状况及对人体舒适度的影响 [J]. 东北林业大学学报，2012，40（7）：90-93.

[99] 刘梅，于波，姚克敏，等. 人体舒适度研究现状及其开发应用前景 [J]. 气象科技，2002，30（1）：11-18.

[100] 陆鼎煌. 颐和园夏季小气候 [C]. 中国林业气象文集. 北京：气象出版社，1989.

[101] 赵久金，李玉敏，田华林，等. 贵州省黔南州森林环境氧气含量分析 [J]. 山东林业科技，2012（3）：24-26.

[102] 韩明臣. 城市森林保健功能指数评价研究——以北宫国家森林公园为例 [D]. 北京：中国林业科学研究院，2011.

[103] 刘京生，朱春金. 二氧化碳与人体健康 [J]. 保定师专学报，1999，12（4）：27-28.

[104] 毕家顺. 低纬高原城市紫外辐射变化特征分析 [J]. 气候与环境研究. 2006，11（5）：637-640.

[105] 李春平，杨益民，葛莹玉. 主成分分析法和层次分析法在对综合指标进行定量评价中的比较 [J]. 南京财经大学学报，2005（6）：54-57.

[106] 陈玮，胡志斌，苏道岩，等. 建设城市森林的原则与途径 [J]. 生态学杂志，2003（06）：169-172.

[107] 冯国禄，向小奇. 群落生境在城市生态再生中的作用及其构建 [J]. 吉首大学学报（自然科学版），2006（03）：87-89.

[108] 李洪远. 环境生态学 [M]. 北京：化学工业出版社，2012.

[109] 李俊清. 森林生态学 [M]. 第2版. 北京：高等教育出版社，2010.

[110] 李明阳. 城市森林规划的理论基础和指导原则 [J]. 中南林业调查规划，2004（01）：16-20.

[111] 李明阳. 生物入侵对城市景观生态安全的影响与对策 [J]. 南京林业大学学报（自

然科学版），2004（04）：84-88.

[112] 邬建国. 景观生态学——概念与理论 [J]. 生态学杂志，2000（01）：42-52.

[113] 薛建辉. 森林生态学 [M]. 北京：中国林业出版社，2006.

[114] 中国城市规划设计研究院，建设部城乡规划司. 城市规划资料集 [M]. 北京：中国建筑工业出版社，2003.

[115] 朱春全. 生态位理论及其在森林生态学研究中的应用 [J]. 生态学杂志，1993（04）：41-46.

[116] 朱文泉，何兴元，陈玮. 城市森林研究进展 [J]. 生态学杂志，2001（05）：55-59.

[117] 鲍风宇，秦永胜，李荣桓，等. 北京市5种典型城市绿化植物的生态保健功能分析 [J]. 中国农学通报，2013，29（22）：26-35.

[118] 陈佳菁. 杭州市主城区森林景观建设与评价探析 [D]. 临安：浙江农林大学，2012.

[119] 范亚民，何平，李建龙，等. 城市不同植被配置类型空气负离子效应评价 [J]. 生态学杂志，2005，24（8）：883-886.

[120] 甘辉亮，吕传禄，陈伯华. 美国海军飞行甲板人员的听力防护 [J]. 海军医学杂志，2009，30（4）：3.

[121] 高润梅，郭晋平，郭跃东，等. 文峪河上游河岸林的群落结构与多样性特征 [J]. 林业科学研究，2011，24（1）：74-81.

[122] 高贤明，陈灵芝. 北京山区辽东栎群落物种多样性的研究 [J]. 植物生态学报，1998，22（1）：23-32.

[123] 高贤明，马克平，陈灵芝. 暖温带若干落叶阔叶林群落物种多样性及其与群落动态的关系 [J]. 植物生态学报，2001，25（3）：283-290.

[124] 杭州市地方志编纂委员会. 杭州市志 [M]. 上海：中华书局，1995.

[125] 胡译文，秦永胜，李荣桓，等. 北京市三种典型城市绿地类型的保健功能分析 [J]. 生态环境学报，2011，20（12）：1872-1878.

[126] 雷相东，张会儒，李冬兰，等. 东北过伐林区四种森林类型的物种多样性比较研究 [J]. 生态学杂志，2003，22（5）：47-50.

[127] 刘娇妹，李树华，吴菲，等. 纯林、混交林型园林绿地的生态效益 [J]. 生态学报，2007，27（2）：674-684.

[128] 刘晓红，李校，彭志杰. 生物多样性计算方法的探讨 [J]. 河北林果研究，2008，23（2）：166-168.

[129] 卢炜丽. 重庆四面山植物群落结构及物种多样性研究 [D]. 北京：北京林业大学，2009.

[130] 马克平，黄建辉，于顺利，等. 北京东灵山地区植物群落多样性的研究（域）：丰富度、均匀度和物种多样性指数 [J]. 生态学报，1995，15（3）：268-277.

[131] 彭少麟，方炜，任海，等. 鼎湖山厚壳桂群落演替过程的组成和结构动态 [J]. 植物生态学报，1998，22（3）：245-249.

[132] 郗光发. 北京建成区城市森林结构与空间发展潜力 [D]. 北京：中国林业科学研究院，2006.

[133] 茹文明，张金屯，张峰，等. 历山森林群落物种多样性与群落结构研究 [J]. 应用生态学报，2006，17（4）：561-566.

[134] 王多泽，金红喜. 民勤绿洲退耕地植物群落多样性研究 [J]. 防护林科技，2010（6）：1-4.

[135] 徐飞，刘为华，任文玲，等. 上海城市森林群落结构对固碳能力的影响 [J]. 生态学杂志，2010，29（3）：439-447.

[136] 杨小林. 西藏色季拉山林线森林群落结构与植物多样性研究 [D]. 北京：北京林业大学，2007.

[137] 张鼎华，叶章发，王伯雄. 近自然林业经营法在杉木人工幼林经营中的应用 [J]. 应用与环境生物学报，2001，7（3）：219-223.

[138] 张刚华. 不同类型毛竹林结构特征与植物物种多样性研究 [D]. 北京：中国林业科学研究院，2006.

[139] 张浩，王祥荣，陈涛，等. 城市绿地群落结构完善度评价及生态管理对策——以深圳经济特区为例 [J]. 复旦学报，2006，45（6）：719-725.

[140] 张金屯，柴宝峰，邱扬，等. 晋西吕梁山严村流域撂荒地植物群落演替中的物种多样性变化 [J]. 生物多样性，2000，8（4）：378-384.

[141] 张凯旋，张建华. 上海环城林带保健功能评价及其机制. 生态学报，2013，33（13）：4189-4198.

[142] 张林静，岳明，赵桂仿，等. 新疆阜康地区植物群落物种多样性及其测度指标的比较 [J]. 西北植物学报，2002，22（2）：350-358.

[143] 张艳丽，孟长来，徐嘉，等. 成都市沙河廊道植物群落结构特征分析 [J]. 四川林业科技，2012，33（5）：31-38.

[144] 章滨森. 城市森林建设的驱动模式与规划研究 [D]. 北京：中国林业科学研究院，2012.

[145] 周择福，王延平，张光灿. 五台山林区典型人工林群落物种多样性研究 [J]. 西北植物学报，2005，25（2）：321-327.

[146] 朱春全. 生态位态势理论与扩充假说 [J]. 生态学报，1997，17（3）：324-332.

[147] 朱圣潮，王昌腾，徐燕云. 浙江丽水太山山地常绿阔叶林的群落特征 [J]. 山地学报，2006，24（2）：209-214.

[148] 庄雪影，王通，甄荣东，等. 增城市主要森林群落植物多样性研究 [J]. 林业科学研究，2002，15（2）：182-189.

[149] Daily G C., Alexander S., Ehrlich P R., et al. Ecosystem services: benefits to human societies by natural ecosystem [M]. Washington (D C): Ecological society of America, 1997.

[150] Croce B., Carella A. Scritti e discorsi politici: 1943-1947 [M]. Bibliopolis, 1993.

[151] Carson R. Silent spring [M]. Boston: Houghton Mifflin Harcourt, 2003.

[152] DeSanto R S., MacGregor K A., McMillen, et al. Open space as an air resource management measure, Vol. Ⅲ: Demonstration plan (St. Louis, MO.). [R]. US Environmental Protection Agency, 1976.

[153] Nowak D J. Air pollution removal by Chicago's urban forest [J]. Chicago's urban forest ecosystem: Results of the Chicago urban forest climate project, 1994, 63–81.

[154] McPherson E G. Atmospheric carbon dioxide reduction bySacramento's urban forest [J]. Journal of Arboriculture, 1998, 24, 215–223.

[155] Heisler G M. Effects of individual trees on the solar radiation climate of small buildings [J]. Urban Ecology, 1986, 9 (3): 337–359.

[156] Scott K I., McPherson E G., Simpson J R. Air pollutant uptake by Sacramento's urban forest [J]. Journal of Arboriculture, 1998, 24, 224–234.

[157] Ulrich R S. View through a window may influence recovery from surgery [J]. Science, 224, 420–421.

[158] Kaplan R. Impact of urban nature: A theoretical analysis [J]. Urban ecology, 1984, 8 (3): 189–197.

[159] Kaplan S. The restoration benefits of nature: toward an integrative framework [J]. Journal of Environmental Psychology, 1995, 15, 169–182.

[160] Aoki Y. Review article: trends in the study of the psychological evaluation of landscape [J]. Landscape research, 1999, 24 (1): 85–94.

[161] Miyazaki Y. Nature and comfort [J]. J Jpn Soc Biometeorol, 2003, 40: 55–59.

[162] Li Q., Morimoto K., Nakadai A., et al. Forest bathing enhances human natural killer activity and expression of anti–cancer proteins [J]. International Journal of Immunopathology and Pharmacology, 2007, 20 (S2), 3–8.

[163] Akbari H. Shade trees reduce building energy use and CO2 emissions from power plants [J]. Environmental pollution, 2002, 116 (S1): 119–126.

[164] Chen Y, Ebenstein A, Greenstone M, et al. Evidence on the impact of sustained exposure to air pollution on life expectancy from China's Huai River policy [J]. Proceedings of the National Academy of Sciences, 2013, 110 (32): 12936–12941.

[165] de Vries S, van Dillen S M, Groenewegen P P, et al. Streetscape greenery and health: Stress, social cohesion and physical activity as mediators [J]. Social Science & Medicine, 2013, 94: 26–33.

[166] Gidlöf-Gunnarsson A, Öhrström E. Noise and well–being in urban residential environments: The potential role of perceived availability to nearby green areas [J]. Landscape and urban planning, 2007, 83 (2): 115–126.

[167] Hansmann R, Hug S–M, Seeland K. Restoration and stress relief through physical activities in forests and parks [J]. Urban Forestry & Urban Greening, 2007, 6 (4): 213–225.

[168] Heisler G M. Health impacts of ultraviolet radiation in urban ecosystems: a review [C]

Germar Bernhard; James R. Slusser; Jay R. Herman; Wei Gao. Proc. SPIE 5886. Ultraviolet ground- and space-based measurements, models, and effects V. San Diego, California, USA, 2005.

[169] Heisler G M, Grant R H, Gao W. Individual-and scattered-tree influences on ultraviolet irradiance [J]. Agricultural and forest meteorology, 2003, 120 (1): 113-126.

[170] Kaplan R. The psychological benefits of nearby nature [C] RELF D. Role of horticulture in human well-being and social development: A national symposium. Arlington, Va., Timber Press, 1992.

[171] Kaplan S. The restorative benefits of nature: Toward an integrative framework [J]. Journal of environmental psychology, 1995, 15 (3): 169-182.

[172] Lee J, Park B-J, Tsunetsugu Y, et al. Effect of forest bathing on physiological and psychological responses in young Japanese male subjects [J]. Public health, 2011, 125 (2): 93-100.

[173] Nowak D J. Institutionalizing urban forestry as a "biotechnology" to improve environmental quality [J]. Urban Forestry & Urban Greening, 2006, 5 (2): 93-100.

[174] Nowak D J, Crane D E, Stevens J C. Air pollution removal by urban trees and shrubs in the United States [J]. Urban Forestry & Urban Greening, 2006, 4 (3): 115-123.

[175] [28] Nowak D J, Hoehn R, Crane D E. Oxygen production by urban trees in the United States [J]. Arboriculture and Urban Forestry, 2007, 33 (3): 220.

[176] Roe J J, Thompson C W, Aspinall P A, et al. Green space and stress: evidence from cortisol measures in deprived urban communities [J]. International journal of environmental research and public health, 2013, 10 (9): 4086-4103.

[177] Stack K, Shultis J. Implications of attention restoration theory for leisure planners and managers [J]. Leisure/Loisir, 2013, 37 (1): 1-16.

[178] Tsunetsugu Y, Lee J, Park B-J, et al. Physiological and psychological effects of viewing urban forest landscapes assessed by multiple measurements [J]. Landscape and urban planning, 2013, 113: 90-93.

[179] Van den Berg A E, Maas J, Verheij R A, et al. Green space as a buffer between stressful life events and health [J]. Social Science & Medicine, 2010, 70 (8): 1203-1210.

[180] Van Herzele A, de Vries S. Linking green space to health: a comparative study of two urban neighbourhoods in Ghent, Belgium [J]. Population and Environment, 2012, 34 (2): 171-193.

[181] Velarde M D, Fry G, Tveit M. Health effects of viewing landscapes - Landscape types in environmental psychology [J]. Urban Forestry & Urban Greening, 2007, 6 (4): 199-212.

[182] Yang J, McBride J, Zhou J, et al. The urban forest in Beijing and its role in air pollution reduction [J]. Urban Forestry & Urban Greening, 2005, 3 (2): 65-78.

[183] Aukema Juliann E., Deborah G. McCullough, Betsy Von Holle, et al. Historical accumu-

lation of nonindigenous forest pests in the continental United States ［J］. Bioscience, 2010, 60 （11）: 886-897.

［184］ Carpenter M. From "healthful exercise" to "nature on prescription": The politics of urban green spaces and walking for health ［J］. Landscape and Urban Planning, 2013, 118 （2）: 120-127.

［185］ Matsuda Kazuhide, Yoshifumi Fujimura, Kentaro Hayashi, et al. Deposition velocity of PM2. 5 sulfate in the summer above a deciduous forest in central Japan ［J］. Atmospheric Environment, 2010, 44 （36）: 4582-4587.

［186］ Sanders R A. Urban vegetation impacts on the hydrology of Dayton, Ohio ［J］. Urban Ecology, 1986, 9 （3）: 361-376.

［187］ White M P, Alcock I, Wheeler B W, et al. Would You Be Happier Living in a Greener Urban Area? A Fixed-Effects Analysis of Panel Data ［J］. Psychological science, 2013, 24 （6）: 920-928.

［188］ Xiao Q F, McPherson E G, Simpson J R, et al. Rainfall interception by Sacramento's urban forest ［J］. Journal of Arboriculture, 1998, 24 （4）: 235-244.

［189］ Yang J, Zhao L S, Mcbride J, et al. Can you see green? Assessing the visibility of urban forests in cities ［J］. Landscape and Urban Planning, 2009, 91 （2）: 97-104.

［190］ Q Li. Effect of forest bathing trips on human immune function ［J］. Environmental health and preventive medicine, 2010, 15: 9-17.

［191］ Costanza R, d'Arge R, de Groot R, et al. 1998. The value of the world's ecosystem services and natural capital ［J］. Ecological Economics, 25 （1）: 3-15.

［192］ Norris P E, Joshi S. 2005. Ecological Economics: Principles And Applications ［J］. Ecological Economics, 55 （3）: 448-449.

［193］ Ordonez C, Duinker P N. 2013. An analysis of urban forest management plans in Canada: Implications for urban forest management ［J］. Landscape and Urban Planning, 116: 36-47.